68

サイバーリスクの脅威に備える

私たちに求められるセキュリティ三原則

松浦幹太 著

DOJIN SENSHO

まえがき

重要な情報を預かる事業者の現場ですら、サイバーセキュリティに関してよくあるミスや油断が繰り返されています。なぜでしょうか。

サイバーセキュリティでは、次から次へと新しい手口の攻撃が出現することが恐れられています。しかし、現実には、よくある手口ですら通用しています。なぜでしょうか。

そもそも「サイバーセキュリティを確保する」とは、何をすることでしょうか。科学的な安全性評価とは、どういうことでしょうか。

新しい情報通信システムは、古いシステムよりも必ず安全性が高いでしょうか。

インターネット環境の進展は、攻撃者側に有利に作用するでしょうか、それとも、防御者側に有利に作用するでしょうか。

ウェブブラウザでホームページにアクセスして個人情報を入力しているとき、私たちは、何を根拠に何を信頼して、入力に踏み切っているのでしょうか。

「非公開のとっておきの防御技術を使っているので安全だ」と宣伝している製品は、本当に安全でしょうか。

公開鍵暗号、電子署名、ファイアーウォール、仮想専用ネットワーク、匿名通信システム、デジタル・フォレンジック。これらのサイバーセキュリティ用語は、どの程度知られているでしょうか。また、これらの仕組みを、直感的に理解できるでしょうか。

セキュリティの問題とプライバシーの問題は、同じ基準で議論できるでしょうか。違いがあるとすれば、何がもっとも大きな違いでしょうか。

サイバー空間における電子的なデジタルデータの証拠は、実世界の証拠と比べて、より強力で扱いやすいでしょうか。

実空間で信頼できる人は、サイバー空間でも信頼できるでしょうか。

サイバー空間におけるＩＤとは、そもそも何でしょうか。私たちは、ＩＤに何を期待しているでしょうか。

サイバー空間におけるアドレスとは、そもそも何でしょうか。私たちは、アドレスに何を期待しているでしょうか。

サイバーセキュリティにしっかり取り組んでいる企業や組織に感謝し、彼らをリスペクトし、評価し支持する行動を、消費者や社会はとっているでしょうか。そのような行動を促すためには、どうすればよいでしょうか。

サイバーセキュリティにおいて、脅威と脆弱性《ぜい》はどう違うでしょうか。

サイバーセキュリティが「攻撃する側と守る側のイタチごっこだ」と批判する意見は、当たっているでしょうか。

サイバーセキュリティのために努力することは、コストでしょうか。それとも、投資でしょうか。サイバーセキュリティのための努力をしないことは、コスト削減をもたらすでしょうか。それとも、コスト増加をもたらすでしょうか。


以上の問いかけに少しでも興味を持たれた方は、どうぞ本書をご一読ください。少なくとも、疑問を解消するための第一歩を踏み出せるでしょう。

私たちは、仕事であるいはプライベートで、多かれ少なかれサイバーリスクの脅威と向き合って生きています。今後もそうであり続けるでしょう。持続的な社会のためには、脅威に備えることが、疲弊するばかりの消耗戦であってはなりません。生産性を高め、活力を増し、競争力を養い、最終的には幸福をもたらすべきものです。

健康を害する脅威に備える営みの中には、専門家だけでなく一般市民も重要な役割を担うものがあります。たとえば、市民ランナーと大会ボランティアの関係には、自身や他人の心身の健康に貢献する活動に主体的に関わり、相互に啓発し合い、最終的には幸福に貢献する素敵なところがあります。サイバーセキュリティでも、意識レベルが高まり問題との向き合い方が成熟すれば、誰もが安全・安心に貢献できるようになるでしょう。読者のみなさんは、今、そのためのスタートラインに立っていらっしゃいます。どうぞ元気にスタートし、本書の内容へとお進みください。おもなカタカナ語・略語については、巻末に用語集を設けました。歩を進めるうえで、お役立てください。

サイバーリスクの脅威に備える　目次

第5章　脅威への備え三箇条　143

第6章　サイバーセキュリティに革命は起こせるか　171

第1章

サイバーセキュリティとは何か

サイバーセキュリティという言葉が盛んに使われるようになるよりもずっと以前から、情報セキュリティの研究や実務に多くの人や組織が取り組んできました。時代が進むとともに情報セキュリティの問題はますます多様になり、有効な対策を打ち出すためにはより総合的なアプローチが必要となってきました。一方で、基本的な考え方は必ずしも揺らいでいるわけではありません。まずは、この基本的な考え方を体系的に見てみましょう。

一　情報セキュリティとサイバーセキュリティの考え方

後を絶たないインシデント

サイバーセキュリティの重要性を説く際には、実際に起きたインシデント（サイバーセキュリティに関する事故や事件）を事例として引き合いに出す場合が多いでしょう。「オンラインで会員サービスを提供しているサーバから、顧客の個人情報が漏洩《ろうえい》するというインシデントが発生しました。この原因は、そのサーバを含むシステムで脆弱性を十分に修正していなかったからです」というインシデントは、企業イメージの低下につながりかねません。実際に企業イメージの低下から大幅な業績悪化につながった例が報じられているにもかかわらず、相変わらず同様のインシデントが起きています。重要な情報を預かる事業者の現場ですら、よくあるミスや油断が繰り返されています。そこには、何か理由があるはずです。

よくある手口ですら通用してしまう現実

「国民共通の重要な公共サービスに関するデータベースのサーバから、生年月日や住所を含む個人情報が数十万件も漏洩するというインシデントが発生しました。この原因は、担当機関の職員が攻撃者の電子メールに騙《だま》され、添付ファイルを開いた瞬間にコンピュータウイルスに感染してしまったからです」というインシデントは、政府や公共事業に対する国民の信頼感を崩壊させかねません。軽率な添付ファイル開封によるインシデントの例が何度も報じられているにもかかわらず、相変わらず同様のインシデントが起きています。サイバーセキュリティでは、次から次へと新しい手口の攻撃が出現することが恐れられています。しかし、現実には、よくある手口ですら通用しているのです。ここにも、何か理由があるはずです。

インシデントの原因とインセンティブ

先の企業の例では、利便性を確保したままで脆弱性を修正することが技術的に困難であったのかもしれません。この場合、根本的な解決のためには、技術の選び直しや、技術革新が必要です。技術の選び直しは、必要に応じて外注やコンサルティングを利用するとしても、第一義的にはインシデントに遭遇した企業自身で行うものです。一方、技術革新は、その企業自身ではなく、その技術を実装した製品やサービスを提供するベンダーが行うものです。今回被害に遭った企業の報告や要請を受けて、ベンダーが技術革新のインセンティブを持つかどうかは、定かではありません。

別の可能性として、技術的には修正が提供されていたにもかかわらず、脆弱性が未修正であったのかもしれません。この場合、根本的な解決のためには、修正を徹底させるための運用改善や、制度改革の余地があります。よくある手口ですら通用してしまう問題に関しても、同様のことがいえます。教訓が積み重なった結果、業界をあげて、あるいは国をあげて何に取り組むべきか、サイバーセキュリティを支える体制がどうあるべきか、という議論が脚光を浴びるようになるのもまた、自然なことです。一方で、技術革新の問題と同じく、改善する主体が必ずしも直接の被害者ではないため、十分な改善のインセンティブが生じるかどうかは定かではありません。

サイバーセキュリティの関与者

サイバーセキュリティに関与する人や組織には、少なくとも、サイバーセキュリティの技術やサービスを提供するベンダー、同じく技術やサービスを利用するユーザ、政策に関わる国や

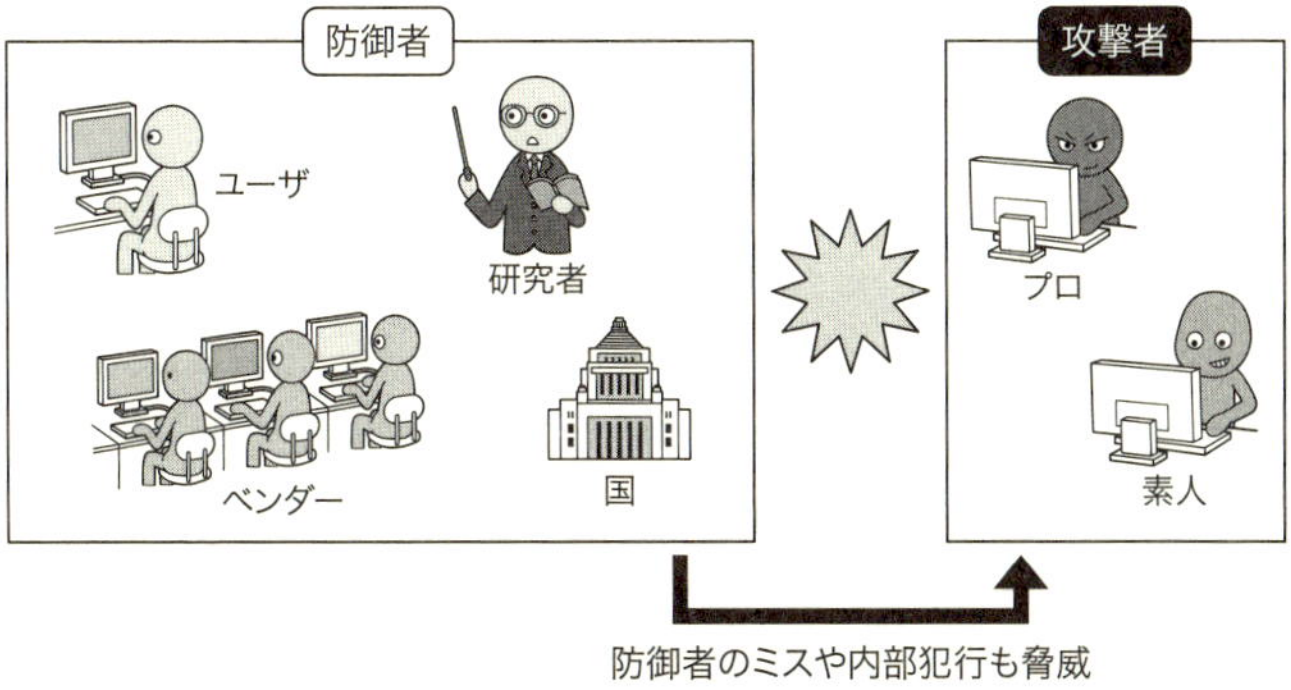

図1－1　サイバーセキュリティの関与者
攻撃者には、手慣れたプロの攻撃者もいれば、出来心や好奇心で攻撃してくる素人もいる。

公的機関、大学などの研究者、そして攻撃者の五つがあります（図1－1）。最初の四つは、ふつう「防御者」と見なされます。ただし、防御者がミスをしても脅威になります。防御者が不正をすると、内部犯行になります。研究者は、攻撃の研究（解析と呼ぶこともあります）をする場合もあります。攻撃者には、手慣れたプロの攻撃者もいれば、出来心や好奇心で攻撃してくる素人もいます。いずれにせよ、単に防御者と攻撃者に分けて考えるのではなく、それぞれ一歩踏み込んで分類することによって、多くの問題の見通しがよくなります。とくに、異なる立場の防御者の間でインセンティブの足並みが揃《そろ》わない場合には、要注意です。

サイバーセキュリティと情報セキュリティ

インセンティブが議論になるということは、問題を理解するうえで利害関係の慎重な分析が重要ということでもあります。もし、単に関与者の自由に任せていただけでは危険であるならば、サイバーセキュリティへの心構えを支える基本的な取り決めが必要になります。現在では、この必要性がある程度理解され、いくつか具体的な形となって現れています。

わが国では、二〇一四年に成立したサイバーセキュリティ基本法によって、関連施策を総合的・効果的に実施するための司令塔となる「サイバーセキュリティ戦略本部」を法的根拠のある組織（本部長：内閣官房長官）として設置できるようになりました。

ただし、何の経験も実績もなくゼロから始める、というわけではありません。サイバーセキュリティ戦略本部は、従来の情報セキュリティ政策会議（議長：内閣官房長官）を格上げして、高度情報通信ネットワーク社会推進戦略本部（IT総合戦略本部）および国家安全保障会議と緊密に連携する体制と見なされています。つまり、サイバーセキュリティの基礎は、サイバー空間という言葉がふつうに使われるほどにインターネットが広まった現在よりもはるかに前から、情報セキュリティへの取り組みで培われてきたものです。情報セキュリティの確保を考えるとき、関与する人や組織の行動が実空間だけでなくサイバー空間にも及ぶことを強く意識する場合、とくに、サイバーセキュリティの確保といいます。基本的には意識の問題ですので、本書では、あえて厳密には使い分けないこととします。

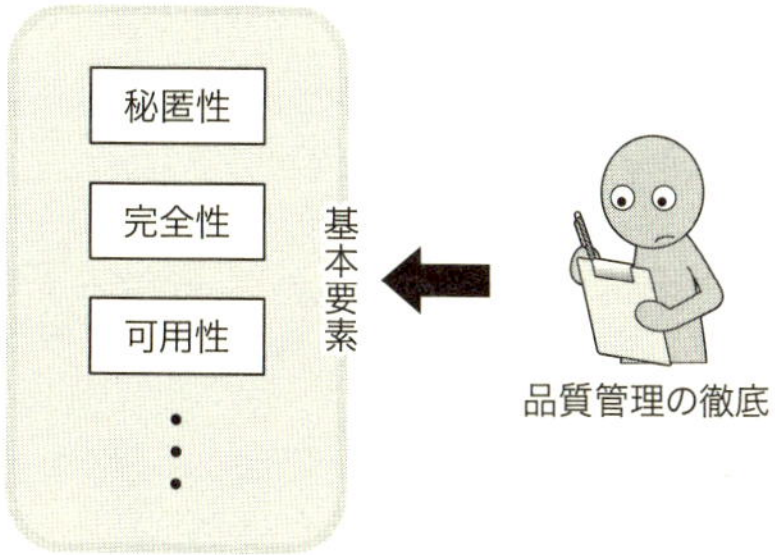

図1－2　情報セキュリティの確保

情報セキュリティの確保

そもそも「情報セキュリティを確保する」とは、何をすることでしょうか。それは、情報セキュリティの基本要素に関する品質管理を徹底することです。基本要素には、少なくとも「秘匿性」「完全性」「可用性」の三要素が含まれます（図1－2）。とくにサイバーセキュリティの確保を考える場合、すべてが実空間のみに閉じている場合と比べて影響が広がりやすいため、専門家や業務上の関与者だけでなく、一般市民の日常的な関心事にもならざるをえません。

実際、たとえば教育産業におけるインシデントでは、未成年である生徒の個人情報が漏洩すると大きな社会問題になってしまいます。個人のプライバシーや法人の機密に関する情報が漏洩すると、「見なかったことにしてくれ」では済まず、取り返しがつきません。心についた傷を、どうすれば治せるのでしょうか。法人が被った悪影響のうち、お金で測れない部分に関して、どうすれば償えるのでしょうか。被害者のケアに特効薬はありません。さらに、インシデントを起こした企業なども、名声を失うなどして事業に大きなダメージを受け、事業の存続が脅かされる事態になる場合すらあります。サイバーセキュリティの問題は、実空間の実体に大きな影響を与えるのです。

情報セキュリティの三要素と防御の焦点

さて、情報セキュリティの三要素のうち、秘匿性は、「守秘性」あるいは「機密性」ともいいます。ある情報の「秘匿性を守る」とは、その情報を知らせてはならない主体に対してその情報が漏れないようにすることです。要するに、隠すことです。秘匿性を守る代表的な技術が、「暗号技術」です。たとえば、オンラインショッピングのウェブページを訪れてクレジットカード番号と有効期限などのクレジットカード情報を入力するときには、ふつう、ウェブサーバへ伝える通信内容が暗号化されます。これは、漏洩を防ぐべくデータを隠すというイメージに当てはまります。また、たとえば親が子供のプライバシーを守りながらインターネットで相談事をするために匿名通信システムを利用するときには、IPアドレスなどの本人特定につながる情報が暗号化されます。これは、追跡を防ぐべく身元を隠すというイメージに当てはまります。防御の焦点を絞って一言で表現するならば、「情報」です。

二つ目の要素である完全性は、「一貫性」ともいいます。ある情報の「完全性を守る」とは、その情報の不正な変更や詐称（改ざんや破壊など）を防止することです。「守る」というよりも「保つ」というべきかもしれません。完全性が保たれていることを確認する代表的な技術が、

「認証技術」です。情報が単なる文書である場合には、メッセージ認証といいます。情報が個人を特定する身元そのものである場合には個人認証といいますが、人や情報が想定しているとおりの本物である性質を「真正性」と呼んで完全性と分けて考える場合もあります。いずれにせよ、要素技術としての認証技術だけでは「確認する」にとどまります。確認して完全性が保たれていないと判明した場合にいかなる対応をするのか、なども考えてシステムを組んで初めて、完全性を保ち「守る」ことにつながります。コンピュータウイルスなどの不正ソフトウェア（マルウェア）の問題が拡大している状況では、プログラムなどのより一般的なリソース（情報通信システムの動作を担う資源）の完全性を保つことも大切です。プログラムの一部が不正に書き換えられると、気づかぬうちに情報を抜き取られたり、ほかの第三者を攻撃する踏み台として自分のコンピュータが悪用されたりします。これらすべての場合に共通する防御の焦点を絞って一言で表現するならば、「リソース」です。

三つ目の要素である可用性は、「利便性」と関連深い概念です。ある情報やリソースの「可用性を守る」とは、その情報やリソースが必要なときに所望の品質で利用できるようにすることです。利用できなければ不便だという考えから、可用性を利便性の尺度とみなす場合もあります。可用性を守る代表的な技術が、「ネットワークセキュリティ技術」です。たとえば、サーバをダウンさせようとして押し寄せてくるサービス妨害攻撃（DoS攻撃：Denial-of-Service 攻撃）をファイアーウォールなどのネットワークセキュリティ技術で検知してブロックするかしないかによって、可用性は大きく異なるでしょう。ＤｏＳ攻撃などの不正な通信ではない、正当な通信も可用性低下の原因となることがあります。たとえば、インターネット限定の室数限定格安プランで宿泊予約をしようとしているときに、予約サイトの混雑でなかなか接続できずにいるとストレスがたまるでしょう。可用性は、そのリソースに基づいて提供されるサービスの品質を大きく左右します。防御の焦点を絞って一言で表現するならば、「サービス」です。

情報セキュリティ実務のサイクル

情報セキュリティの確保が品質管理の徹底であることは、多くの指南書で情報セキュリティに関する一連の実務プロセスを「ＰＤＣＡサイクル」として捉えていることからも理解できます。ＰＤＣＡサイクルは、第二次大戦後間もない頃に品質管理分野で体系的な研究を行ったウォルター・シューハートやエドワーズ・デミングらによって提唱されたもので、シューハート・サイクルまたはデミングの輪とも呼ばれています（図１-３）。

ＰＤＣＡサイクルのＰは「Plan（計画）」を意味し、従来の実績や将来の予測などをもとに、業務計画を作成するプロセスです。情報セキュリティではとくに、発生しうる攻撃や錯誤を把握すること、すなわち脅威分析が必要であり、最大のポイントです。Ｄは「Do（実施）」を意味し、作成した計画に沿って、業務を実際にあるいは模擬的に行うプロセスです。情報セキュリティではとくに、脅威に関する評価検証に利用できる適切な記録を残しながら実施すること

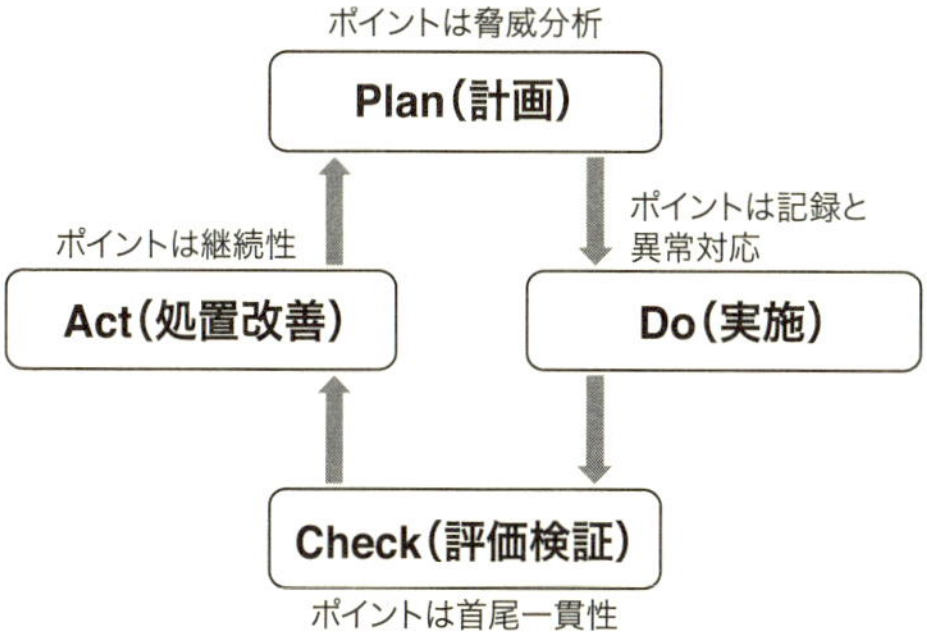

図1－3　PDCA サイクル
品質管理のための実務プロセスで一つの周期をなすサイクル。
シューハート・サイクルまたはデミングの輪とも呼ばれる。
各段階に情報セキュリティならではのポイントがある。

が必要です。Cは「Check（評価検証）」を意味し、業務の実施と計画の整合性を点検するプロセスです。情報セキュリティではとくに、脅威分析が適切であったかどうかの点検、および実施方法そのものが新たな脅威を生んでいないかどうかの点検が重要です。Aは「Act（処置改善）」を意味し、点検で実施と計画の不整合が判明した部分に処置を施して改善するプロセスです。この最後のActを次のPDCAサイクルにつなげ、螺旋《らせん》を描くように一周ごとにレベルを向上させ、継続的に業務改善をなすことが重要です。なぜなら情報セキュリティでは、攻撃者が進化するからです。

品質管理の中でも、情報セキュリティ、とくにサイバー空間を強く意識したサイバーセキュリティのPDCAサイクルに特徴的なことは、何でしょうか。それは、何が難しいかを考えるとわかりやすいでしょう。サイバー空間を通じて思わぬ関与者が接点をもつサイバーセキュリティでは、いかにして困難を克服するかを考える際に、関与者のインセンティブに、より一層配慮しなければなりません。そのため、基本は同じでも、困難さの程度が増します。

サイバーセキュリティで何が難しいか――計画するときの悩み

サイバーセキュリティの計画段階で第一に難しいことは、「なぜこのPDCAサイクルを開始するのか」という根源的な動機を計画全体に反映させることです。たとえば、「長く複雑なパスワードを覚えるのは大変だから、もっとユーザ負担の軽い認証方法を導入したい」という動機でプロジェクトが始まったとします。この場合、「新しい認証方法の安全性が長く複雑なパスワードと同程度で、ユーザ負担が軽い」ということのみを要件として計画を立てても、片手落ちです。実際のシステムにおけるパスワード認証では、たいてい、パスワードを忘れたユーザを素早く救うための手段（バックアップ認証）が整備されています。この例として、母親の旧姓を答える「秘密の質問」などの質問応答を経てから事前登録アドレスへの電子メールで仮パスワードを送り、一定時間以内にパスワードを更新すれば、正当なユーザとして受け入れる方式などがあります。このバックアップ認証の部分まで含めて、元のパスワード方式と比べて同程度かそれ以上の安全性とユーザ負担軽減を両立させる計画が求められます。

計画段階で第二に難しいことは、「従来の実績や将来の予測」の中に、適切な具体性と一般性をもつ脅威分析結果を含めることです。この場合、脅威として単に「なりすまし」を挙げるだけでは、具体性に欠けます。「パスワードを破って正規ユーザになりすます攻撃者」を考えて初めて、具体性が出てきます。もう少し具体性を高めるためには、「安易なパスワードを使っているユーザがいれば、そのパスワードを推定して正規ユーザになりすます能力のある攻撃者」を考えたり、「詐欺メールに騙される軽率なユーザがいれば、偽のウェブサイトにパスワードを入力させてそれを盗むことができる攻撃者」を考えたり、あるいは「パスワード照合のための情報を保存しているサーバの管理者に『見ず知らずの人からの電子メールに添付されたファイルを開く軽率な人』がいる場合には、そのサーバをコンピュータウイルスに感染させることができる攻撃者」を考えたりします。「なぜその能力（パスワードを破る能力）があるか」を一歩踏み込んで分析したわけです。最新の攻撃ツールを熱心にチェックして精通している犯罪者、そのパスワードを使うサービス用のカードとともにユーザの定期入れを盗む能力のある窃盗団など、さまざまな具体例がありえるでしょう。

たとえば窃盗団の場合には、定期入れに正規ユーザ本人の指紋が多く付着していますから、本人の指紋画像も入手している脅威として捉えねばなりません。現在の攻撃手順は「定期入れにあるほかのカード（たとえば運転免許証）表面の個人情報からパスワードを類推する」という手順かもしれませんが、防御者側が指紋認証を導入すれば「定期入れに粉を振りかけて入手した指紋画像を模した人工指をつくる」という手順も使ってくるでしょう。攻撃者の能力を適切に捉えるような具体性と一般性のバランスをとること。これが実際には困難で、多くの失敗の原因となります。

サイバーセキュリティで何が難しいか——実施するときの悩み

サイバーセキュリティの実施段階で第一に難しいことは、次の評価検証段階で役立つ記録を残しながら業務を実施することです。サイバー空間にはさまざまな攻撃の通信が飛び交っていますが、多くの場合、攻撃の記録だけでは評価検証に不十分です。攻撃ではない通信とその処理に関する情報も少なからず必要で、それらを残すにはさまざまな困難が伴います。個人のプライバシーや、法人の機密に関する問題は、記録を残すか残さないかという悩みだけでなく、「記録を残すとしても、いかなる利用制限のもとで残すのか」という管理運用の悩みももたらします。

たとえば、オンラインショッピングにおけるクレジットカード利用に関するセキュリティに取り組む場合、ユーザ、テナント、ショッピングモール、クレジットカード会社、運送会社、インターネット接続のプロバイダなど、さまざまな人や事業者がシステムに関与します。各業界の規制や各者間の規約なども複雑なため、記録の残し方とその事後的な利用の可能性をよく理解して実施することは難易度が高いといわざるをえません。さらに、電力や上下水道、交通などの重要インフラでは、記録を残すことによってシステムの著しい性能低下を招いてはならない、というジレンマもあります。日常生活の中で、自分自身の見聞きしたこととそれらを見聞きした際に頭の中で考えたことのすべてを、あとで利用可能な形で記録に残す手間を想像してみてください。とても手に負えないでしょう。コンピュータを導入したシステムの中でも、「徹底的に残す」ということは容易ではなく、とくに重要インフラにおいては速度低下や容量低下をもたらすと、それ自体が可用性の脅威となりかねません。

実施段階で第二に難しいことは、妥当な適用範囲で業務を実施することです。とくに、実用化前の研究段階では、第一の困難を乗り越えるべく研究関係者のみで実施するという道に走りがちで、シミュレーション（計算機による模擬的な実験）だけに頼る場合すらあります。実施段階で採用した適用範囲がのちの評価検証に十分なデータをもたらす適用範囲であると主張するには、どうすればよいでしょうか。少なくとも、計画段階で明らかにした脅威に関して評価できるかどうかが問われます。攻撃だけでなく、錯誤も油断なりません。研究者だけが被験者となった場合に、一般ユーザと同じ錯誤を試験的に実施しているといえるでしょうか。これは、登場人物レベルで考えた適用範囲の問題です。実際には、さらに、処理に関する適用範囲も忘れられがちな問題です。すなわち、サイバーセキュリティの実施段階では、しかるべき異常対応（Failure Mode）も適用範囲に含めることが求められます。

異常対応とは、何かに失敗した場合の対応のことです。失敗には、意図した本来の動作ができない場合（たとえば、一連のやり取りが通信回線の故障のために途中で止まってしまった場合）だけでなく、何らかの検証や確認をして「検証に不合格」という結果が出た場合（たとえば、電子署名付きの文書を検証して不合格だった場合、つまり「その文書に対するその署名者による正当な電子署名ではない」という結果が出た場合）も含まれます。

異常対応も適用範囲に含めると、たとえば、一連のシステム動作に電子署名の検証が含まれるならば、検証に不合格だったときに引き続いて行われる処理を定めて、最後まで辿らなければなりません。異常対応を実施しないということは、暗黙のうちに、「異常時にはすべてが停止し、世界が終わり、それ以降は何も起こらない」と想定していることになります。そのような想定が妥当だといえる応用は、きわめて稀《まれ》です。

サイバーセキュリティで何が難しいか——評価検証するときの悩み

サイバーセキュリティの評価検証段階で難しいことは、首尾一貫性の確保です。計画段階で明らかにした脅威が実施段階で実現されていなければ、信頼できる評価検証とはいえません。計画段階で考えた適用範囲が実施段階で実現されていなければ、信頼できる評価検証とはいえません。いずれも共通点は、首尾一貫性が保たれていないということです。にもかかわらず評価検証結果を楽観的に「安全だ」と報告すると、優良誤認の問題を生じかねません。商品やサービスの品質を実際よりも優れていると偽って宣伝する行為は、景品表示法で禁止されている優良誤認表示になる恐れがあります。たとえ法律上の問題にならなくとも、根拠の危うい安全宣言の独り歩きは、実際のセキュリティを低下させがちです。首尾一貫性が保たれていない場合には、どこがどう不整合かを評価検証で明らかにしなければなりません。

たとえば、あるサーバが最新のコンピュータウイルスに感染し、そのために情報漏洩が起きたとします。感染したサーバとコンピュータウイルスを突き止めて、せっかく対策を計画したにもかかわらず、問題のサーバと同程度かそれ以上にコンピュータウイルスに感染する恐れの高いコンピュータが、安全で信頼できるものとして実施環境に登場する場合があります。実際、今インシデントを引き起こしたコンピュータウイルスを識別する能力をそのコンピュータに与えたから大丈夫、という論理を使うと、悲劇が生まれます。最新のコンピュータウイルスに対して常にそのような能力を保つメインテナンスまで含めて評価検証しなければ、成り立たない論理だからです。もっとひどい場合には、問題のサーバとは異なる種類のコンピュータだから大丈夫だ、新しいタイプの端末だから大丈夫だ、などという誤解も見られます。いずれも悲劇を生みます。とくに後者では、新しいタイプの端末は安全性評価もセキュリティ修正方法も成熟していないため、むしろ逆に大変危険です。スマートフォンが普及し始めた頃、スマートフォンを過剰に信用したシステムが提案されたこともありました。しかし実際には、きわめて早い時期に、その信用を覆すマルウェアが発見されていました。

これらの問題は、評価検証段階の問題ではなく、計画段階や実施段階の問題だと考える人がいるかもしれません。しかし、サイバーセキュリティでは、評価検証段階の問題として向き合うことが肝要です。計画も実施もよく誤るのです。その誤りを発見し、次のサイクルで進歩するための礎となる評価検証を、計画とも実施とも異なる独立したプロセス、専門的な営みとして行う必要があります。すなわち、サイバーセキュリティのPDCAサイクルにおいては、評価検証段階で、単に安全かどうかを評価検証するだけではなく、次のサイクルへの改善をもたらす知見も導出しなければなりません。首尾一貫性を確保したうえで、論理的にそれらの知見を導出することこそが、評価検証のミッションなのです。

サイバーセキュリティで何が難しいか——処置改善するときの悩み

サイバーセキュリティの処置改善段階で難しいことは、費用対効果の説明です。ここでいう処置改善には、適用範囲の拡大や縮小を含む場合があります。計画段階における要求要件の修正や脅威分析の修正方針も含む場合があります。計画と実施を首尾一貫させるための処置改善では、計画段階から実施段階へ進む間に起こりうる環境変化への対応を求められる場合があります。とくに実務では、どの段階でも、費用対効果に留意します。今のサイクルで回ってきた各段階で、それぞれ努力して費用対効果を考えて遂行したものに処置改善を促すわけなので、関係者を納得させることは容易ではありません。

たとえば先の例では、将来の「最新のマルウェア」すなわち現時点では未知のマルウェアに対応するための処置改善は費用対効果の面で無理がある、次のマルウェアが出現したらまた今回と同じように対応すればよい、と反論されるかもしれません。そこには、結局、防御者側の生産性の限界があります。

一方、攻撃者側は、ますます生産性を高める傾向にあります。新しく強力なマルウェアを作成する能力を持つ人が世界にごくわずかしかいないとしても、彼らが作成したマルウェアをインターネットで配布すれば、世界中の不特定多数の人が容易に最新のマルウェアを入手できます。そのマルウェアを好奇心や出来心で悪用する人は滅多にいないとしても、それでもごく低い確率でも現れるならば、その影響は無視できません。悪用する人がごくわずかであっても、世界中を瞬時に攻撃しかねないのです。つまり、インターネットが普及する前と比べて、攻撃者の生産性が格段に高まっているのです。あるいはまた、インターネットにおける書き込みやサイバー空間におけるその他の「つながり」で扇動された人が、悪用へと駆り立てられるかもしれません。これらは、サイバー空間のない実空間だけの世界とは大きく異なる、サイバーセキュリティ特有の問題といえます。実際の安全性が攻撃者と防御者の間の相対的な力関係に大きく依存するとすれば、防御者側にも、生産性を格段に高めるような革命が求められます（詳細は第6章参照）。

個々のミッションだけでサイクルを回しても限界があるならば、社会全体として取り組むべき何かがあるはずです。それを明らかにし、防御者の革命を起こすことこそ、本書の究極の目的です。

二　サイバー空間における信頼関係

サイバー空間におけるアプリケーション

サイバー空間で情報通信機器を用いて利用できるアプリケーションは、電子メール、ソーシャルネットワークサービス、オンラインショッピングなど、ますます多彩になっています。それらの多くは、実空間とさまざまな関わりをもっています。その中で、私たちは情報セキュリティ技術を適切に用いて多くの脅威からデータやリソース、そしてサービスを守ろうとします。ここでとくに注意すべきことは、アプリケーション固有の信頼関係です。たとえば、遠隔からの電子投票システムを実用に供するならば、盗聴や改ざんが防止されているだけでなく、投票者にとって物理的に投票した実感がなくても漏れなく集計されていなければなりません（投票者がそう信頼できるようなシステムでなければなりません）。そしてさらに、本人の意思による投票であることが信頼できるようなシステムにしなければなりません。スマートフォンで投票するときに、横で誰かが刃物で脅して特定の候補者への投票を強制しているという不正を、許してはいけないのです（図１－４）。

すでに私たちの身の回りで日常的に利用されているアプリケーションでも、信頼関係が重要であることを学ぶ題材は沢山あります。たとえば、オンラインショッピングには、多くの情報

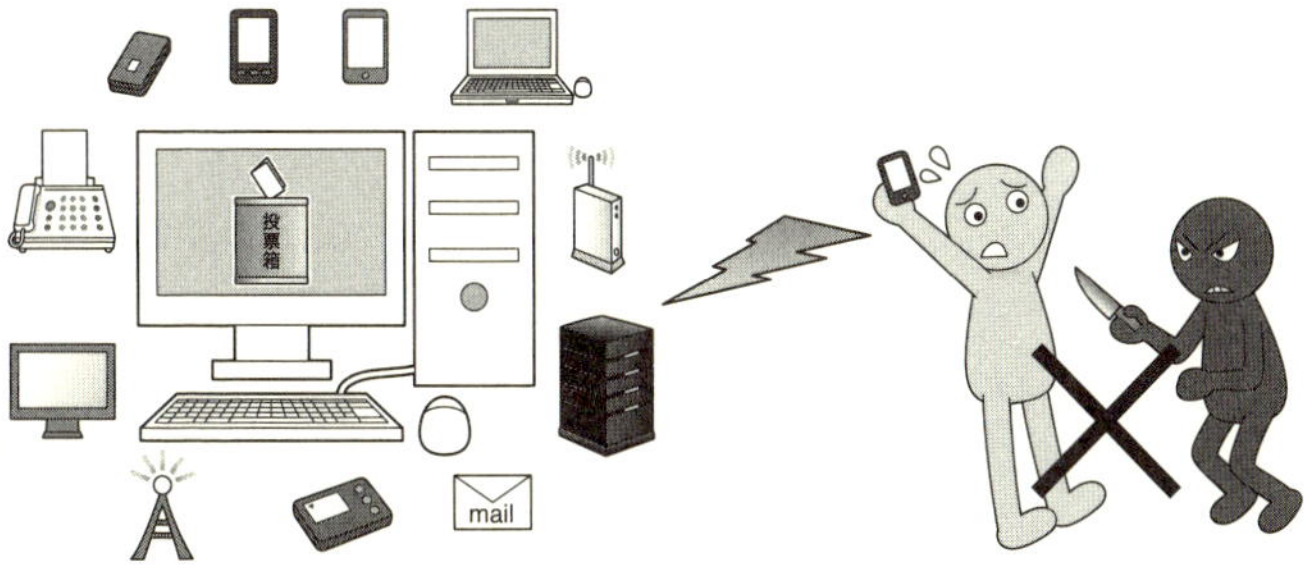

図1－4　電子投票システムに固有の信頼関係の例
「物理的に投票した実感がなくても漏れなく集計されていると信頼できるか」「遠隔地で脅され強要された票ではなく本人の意思による票だと信頼できるか」などが、電子投票というアプリケーションに固有の、守るべき信頼関係である。

セキュリティ技術が使われています。関連するプロセスを一つ一つ丁寧に見ていくと、情報セキュリティの三要素すなわち秘匿性・完全性・可用性を守ることが基本ではあるものの、さらにアプリケーション固有の信頼関係を守る必要があることがよくわかります。ここでは、プロセスを具体的に辿って、理解を深めたいと思います。ただし、技術的な詳細はのちの章や他書に譲り、信頼関係に着目してプロセスを辿ります。

登録のプロセスにまつわる信頼関係

多数の店舗が出店しているオンラインショッピングを利用する際、そのウェブサイトで会員登録プロセスを実行することが多いでしょう。まず、URL（インターネットにおけるホームページの住所に相当する情報）を入力したり、ほかのウェブサイトや電子メールに記されていたリンクをクリックしたりして、所望のウェブサイトへアクセスします。この時点で、そのURLやリンクが改ざんされておらず正しいことを信頼していることになります。もし、大手の業者を装った偽の業者から紛らわしいリンクを含むスパムメールが送られてきたときに、そのリンクをうっかりクリックして偽のホームページにアクセスしてしまうと、いわゆるフィッシングに引っ掛かってしまいかねません。しっかりと業者の認証ができていないという意味で、完全性が危ういと見なせます。そしてたとえば、その偽のホームページで会員登録のためと思い個人情報を入力してしまい、その情報が悪用されるかもしれません。偽の業者（本来はその個人情報を知らせてはならない業者）に個人情報を知られてしまうという意味で、秘匿性が危ういと見なせます。

数々の脅威から逃れ、無事に所望のウェブサイトにアクセスできたとします。ここで、「会員登録はこちら」と誘われているボタンをクリックするなどして、会員登録プロセスを開始します。すると、ウェブブラウザが暗号通信モードへ移行し、たいてい「https://www」で始まるURLへアクセスしている状態になります。私たちは、この暗号技術だけでなく、ブラウザに実装されている鍵管理のメカニズムも信頼しているからこそ、この先で個人情報を入力して会員登録を行います。また、そもそもウェブブラウザ自体をも信頼しています。たとえば、ウェブブラウザがいつの間にか入力情報を犯罪者へ送るコンピュータウイルス付きのものにすり替えられていたら、大変なことになります。犯罪者との通信を暗号化で盗聴や改ざんから守っても、その犯罪者に対する防御にはならず、むしろ犯罪者を守る逆効果にすらなりかねません。

ウェブブラウザは、日常的に更新されています。みなさんは、そのようなソフトウェアの自動更新が実行されるとき、小さなウィンドウが現れて「更新を許可する／しない」の選択を迫られても、あまり確認せず許可していませんか。偽物に更新されてしまうと、そのあとでウェブブラウザを信頼して実行するプロセスとそこで扱う情報は、脅威にさらされます。ここでは、ソフトウェアというリソースの完全性を保つことが重要になっています。

オンラインショッピングでも、さまざまな信頼関係がなければ、会員登録プロセスは成立しません。たとえば、会員登録のために入力する情報の取り扱いに関する規約をユーザに見せて、ユーザが同意したうえで会員登録プロセスを実行していると信頼するためには、どうすればよいでしょうか。単に「ユーザが入力する前の必須画面で規約を表示しているから、もし何か問題が起きても自分は責任逃れできる」と考えるのは、片手落ちです。もちろん、社会的責任や倫理的な善悪の議論もあるでしょう。しかし、運営者自身の利益を考えても、杜撰《ずさん》な規約承認プロセスが悪評を生み出すリスクを避けるために、少なくともユーザインターフェースには配慮すべきです。最初に表示された状態すなわちデフォルトの状態では「規約に同意しない」となっていて、ユーザが自分で「同意する」に直さなければ次のステップへ進めない、というインターフェースのほうがリスクは小さいでしょう。小さな手間でユーザが注意深く行動することを心がけるように仕向けることは、ほかのプロセスにおいてユーザの不注意による脅威を生じることを避けるうえでも有効です。

なお、不注意で軽率な行為は、ユーザだけでなく、オンラインショッピング運営者が犯す場合もあります。運営者が不注意（たとえば、コンピュータウイルス感染につながるような添付ファイルの開封）から会員登録情報の漏洩インシデントを起こすことはないだろうと信頼するからこそ、ユーザは個人情報を入力します。ましてや、内部犯行はないだろう、と信頼しています。インシデントは、これらの信頼関係を損ない、ユーザ離れを招きかねません。サイバー空間では、会員登録プロセスが比較的手軽に行えるため、ユーザが同業他社へ翻るのは簡単です。信頼関係を損なうインシデントのインパクトは大きいと心得たほうがよいでしょう。

運営者はまた、ユーザの入力した情報が正しいことを信頼しなければ、本当は先へ進めません。入力された電子メールアドレスに入力ミスがないことを信頼するために、電子メールアドレスの入力欄だけでなく確認入力欄も設けて再度入力させる（かつ、そこでは最近の入力履歴などをもとにした入力の自動補完機能を強制的にオフにしておく）ことも、信頼向上の一方策です。さらに、入力された電子メールアドレスへすぐに次の作業を指示する電子メールを送り、それに応じる作業が一定期間内に迅速に行われることを確認して初めて、ユーザが生身の人間である（自動化された攻撃ツールではない）と信頼する場合もあるでしょう。また、このような応答確認によって、電子メールアドレスが実在し確かに使用されているという事実を信頼するようになるでしょう。

以上のような信頼関係は、ほかのプロセスでも必要な場合が少なくありません。しかし、会員登録プロセスはシステムの入口なので、とくに重要度が高いといえます。なぜなら、後続のプロセスでは、前のプロセスにおいて信頼関係が守られているからこそ今のプロセスまで進んできた、と信頼することが多いからです。中でも、パスワードへの信頼はきわめて重要です。後続のプロセスでパスワードによる認証を行う場合、パスワードが適切に設定され管理されていることを大前提として組まれているシステムが多く、それのみに頼っているプロセスもあるからです。

商品探しにまつわる信頼関係

オンラインショッピングのウェブサイトで、何か具体的に商品を探す場合、サイト内の検索機能や広告は大変便利です。検索履歴や過去の閲覧履歴、購入履歴などを活用して、ユーザが効率的に商品探しをできるよう、入力の自動補完や広告の自動表示をしているサイトも少なくありません。不思議なことに、登録した会員としてログインした状態だけでなく、ログインしていない状態においても、同様のサービスが提供されているように感じることがあります。これは、ログインの有無にかかわらず、ウェブブラウザが参照する一時的な情報にその端末の同じウェブブラウザで行った作業の痕跡を残す仕組みがあったり、あるいは多数のユーザの履歴から容易に類推できる相関関係があったりするからです。とくに、共用のコンピュータにインストールされたウェブブラウザに作業の痕跡を残す仕組みがある場合、そのウェブブラウザをいったん終了して次の人が同じウェブブラウザを立ち上げるときにも痕跡が引き継がれるかどうかは、終了時の操作や設定などに依存します。

もし自らの痕跡が次の人に引き継がれることをよしとせず、しかも終了時に操作や設定の確認をしないならば、あなたは「このコンピュータの管理者はユーザのプライバシーに配慮した設定をしてくれているはずだ」と信頼していることになります。痕跡を見てほしくない人には見せないという意味で、秘匿性と深く関わる問題です。あるいは、せっかく管理者が適切な設定をしてくれていたとしても、あなたの前の利用者Aさんが勝手に設定を変更して、自分の使用後にふたたびAさんが同じコンピュータを使用してあなたのプライバシーを侵害するという残念なことが起きたとすると、それは設定の完全性に関わる問題です。

商品を探すときには、評判いわゆる口コミ情報を参考にする人も多いでしょう。もちろん、運営者が口コミ情報を改ざんされないように完全性を守る対策を徹底していなければ、口コミ情報は信頼できません。それ以外にも、たとえば、同業他社の社員が故意に「事実に反する低い評価」を入力することや、業者自身の関係者が高い評価を入力して評判を吊り上げることも望ましくないでしょう。これらの不適切な行為を防ぎたければ、会員登録時にそのような利害関係者ではないことをどう確認するか、事後的な責任や抑止力の観点から規約にいかなる文言を含めるか、規約への同意をどのようにしてとるかなどの、多様な事柄に気を配らなくてはなりません。口コミを参照して行動するならば、それらの事柄に関する信頼をどう認識するのかに無関心ではいられないでしょう。

私たちは、サイバー空間でお買い得そうな商品に出会って興奮しているとき、冷静さを欠きがちです。多忙で実店舗へ行けずオンラインショッピングに頼るときには、慌てて行動しがちです。サイバー空間と実空間にまたがるサービスに密着した問題であればあるほど、すなわちサイバーセキュリティならではの問題であればあるほど、情報の質に関する信頼関係は影響力が増すともいえるのです。

口コミ情報だけでなく、商品在庫に関する情報、最安値比較、その他の品質表示に目を向けても、同様の考察が可能な場合が多いことに気づきます。あまりにも多くの情報に接することのできるサイバー空間では、自分自身が情報提供者と同等以上の最新情報収集能力をもっていないことが多いため、そこに情報の非対称性が生じがちです。情報の非対称性は経済学的に多くの問題をひき起こしますが、サイバーセキュリティの観点でも多くの問題をひき起こします。さらに、両者が相互に関連することにも注意が必要です。たとえば、情報だけで経済主体の行動を誤った方向へ導くことができる場合、その傾向を悪用するインセンティブがはたらいて、情報改ざんを目的としたパスワード搾取や不正アクセスが増える恐れがあります。

ログインのプロセスにまつわる信頼関係

会員登録をしたサイトへログインすべくＩＤとパスワードを入力するとき、私たちは何を信頼していることになるでしょうか。登録のプロセスと同じく、アクセス先や手元の端末環境およびソフトウェアに関連した信頼が必要でしょう。とくに注意すべきなのは、サーバ（オンラインショッピングのウェブサイトを構成し提供しているコンピュータ）とクライアント（ショッピングをするユーザ）の間で、たいてい認証の仕方が異なるということです。

クライアントの認証が破られると他人になりすまされてしまいますから、IDとパスワードを他人に知られてはなりません。よって、ウェブブラウザが暗号通信モードになっていることを確認してからそれらを入力する、という注意深さが必要です。しかし、本当は、もう一歩踏み込んだ注意深さが必要です。それは、サーバの認証に関する確認です。

ウェブブラウザが暗号通信モードに切り替わる瞬間に、実は、公開鍵暗号の仕組みに基づいたサーバの認証が行われています。典型的な方法は、次のとおりです。まずオンラインショッピング運営者が、「公開鍵認証局（CA：Certificate Authority）」を運営する業者（CA業者）に公開鍵証明書を発行してもらいます。公開鍵暗号や電子署名といった技術では、公開鍵とそれに対応した秘密鍵が準備されます。公開鍵と秘密鍵は数学的に何らかの関係にありますが、公開鍵から秘密鍵を導くことは困難であるように設計されています。

送信者が受信者の公開鍵で暗号化した文書を、正当な受信者が対応する正しい秘密鍵で元に戻せば（暗号化された文書を元に戻すことを「復号する」といいます）、元の文書（「平文」といいます）を読むことができます。ある文書の電子署名を送信者が自身の秘密鍵で生成し、受信者が送信者の公開鍵で検証すれば、「その文書が確かにその送信者によって署名されて、その後改ざんされていないこと」を確かめられます。公開鍵暗号や電子署名のくわしい仕組みはのちほど第3章で説明しますが、いずれも「秘密鍵を持っていなければできない作業をサーバに行わせて、それを公開鍵で確認する」という原理でサーバを認証する仕組みに利用できます。もちろん、その公開鍵が確かにそのオンラインショッピング運営者の公開鍵であるということを信頼できなければ成り立たない原理です。そこで、

●公開鍵
●オンラインショッピング運営者のＩＤ
●公開鍵の有効期限
●証明書発行のためにいかなる厳格なプロセスを経たかというレベルを示す情報
●対応している公開鍵暗号や電子署名アルゴリズムの種類とバージョン情報

などの属性情報をまとめたデータにＣＡ業者の電子署名を施してもらい、公開鍵が正しいと信頼してもらうための公開鍵証明書にします。ＣＡ業者の電子署名を検証するために用いるＣＡ業者の公開鍵は、初めから（インストールしたときから）ウェブブラウザに組み込まれており、クライアントはウェブブラウザを信頼してサーバの公開鍵証明書を検証します。ウェブブラウ

ザのウィンドウにおいて、セキュリティ関連のメニューを使えば、公開鍵証明書の属性情報を確認できます。本当に所望の業者でしょうか。有効期限は過ぎていないでしょうか。オンラインショッピングに相応しい厳格なプロセスを経た公開鍵証明書でしょうか。アルゴリズムやバージョンは、クライアントのセキュリティポリシーと照らし合わせて十分な強度であるといえるものでしょうか。本来は、これらの確認をして初めて暗号通信モードとその接続を信頼し、自分のＩＤとパスワードを入力すべきです。安全な通信を支えるインフラは、信頼の源なのです。

購入のプロセスにまつわる信頼関係

さて、無事にログインし、購入する商品も決め、いざ購入する段階になったとします。ここでは、クレジットカードを利用した決済プロセスと、配送された商品を自宅などで受け取る際に現金で支払う代金引換（代引き）を利用した決済プロセスを考えてみましょう。

クレジットカードを利用する場合、暗号通信モードになっていますので、クライアントは登録やログインのプロセスと同様にサーバ認証などを信頼できれば、安心してクレジットカード番号と有効期限、カードの所有者名を入力するでしょう。カードの裏面に刻まれているセキュリティコードと呼ばれる三桁の数字を追加で入力するよう促される場合や、クレジットカードのオンライン明細書閲覧サイトにログインするときのＩＤとパスワードを追加で入力するよう促される場合もあります。いずれにせよ、クライアントの立場でなぜ信頼して入力するかという観点では、少なくとも同様の信頼が必要です。

立場を替えて、サーバ側が何を信頼して決済を認めるのかを考えてみましょう。サーバ側も、暗号通信モードで使われている技術を信頼する必要があります。そして、届いたクレジットカード情報や付加的な情報を提供してクレジットカード会社に出した信用照会の結果として、購入者の支払い能力などを信頼する必要があります。これは、「その相手が誰か」を確認する認証だけでなく、「その誰かが今のプロセスに必要な権限や能力を持っているかどうか」を確認するアクセス制御の仕組みも組み込まれていることを意味します。よって、クレジットカード会社の判断能力をも信頼しなければ、オンラインでのクレジットカード決済は本来成り立ちません。

ただし、実空間においてこの信用照会を信頼する主体は、オンラインショッピング運営者である場合も、そのオンラインショッピングサイトへの出店者である場合もあります（両者が一致する場合もあります）。もし、オンラインショッピングのウェブサイトから購入と決済に関する情報が出店者に送られ、それから出店者がクレジットカード会社に信用照会を出すならば、クライアントはオンラインショッピングのウェブサイトと出店者との間の通信に関する安全性も信頼することになります。もちろん、彼らとクレジットカード会社との間の通信に関する安全性も信頼することになります。よって、それらの通信を支えるインフラの仕組みをも信頼することになります。
代引きを利用する場合については、商品受け取りのプロセスにまつわる信頼関係とともに、あらためて考えることにします。

商品受け取りのプロセスにまつわる信頼関係

代引きを利用する場合、決済は商品受け取りのプロセスの中で行われます。玄関先で宅配業者から代引きの支払いを求められ、それに応じるとき、あなたは何を信頼していますか。まず、宅配業者がそれらしい制服を着ているから本物だろう、という認証結果を信頼しているでしょう。これは厳密にいえば、個人ではなく権限の認証です。つまり、宅配業者として想定される行為をこの人がしても、それを認めるということです。お金だけとって商品を置かずに逃げるようなことはないだろう、お金を店舗へ届けず持ち逃げすることはないだろう、段ボール箱の中には本物の商品が入っているだろう、と信頼しているのはもちろんです。

そして、オンラインショッピングというアプリケーションに固有の信頼として、「今この店舗から到着するこの大きさの商品は、あのお買い物に違いない。確かに、代引きを選択した心当たりがある。だから、これは正しい配送であり代引きである」という信頼があるでしょう。一般に、状況との整合性から生じる信頼関係です（図1－5）。もし、宅配業者が、今回の購入プロセスに固有の番号などを記した伝票を持っていたら、信頼関係はさらに強まるでしょう。

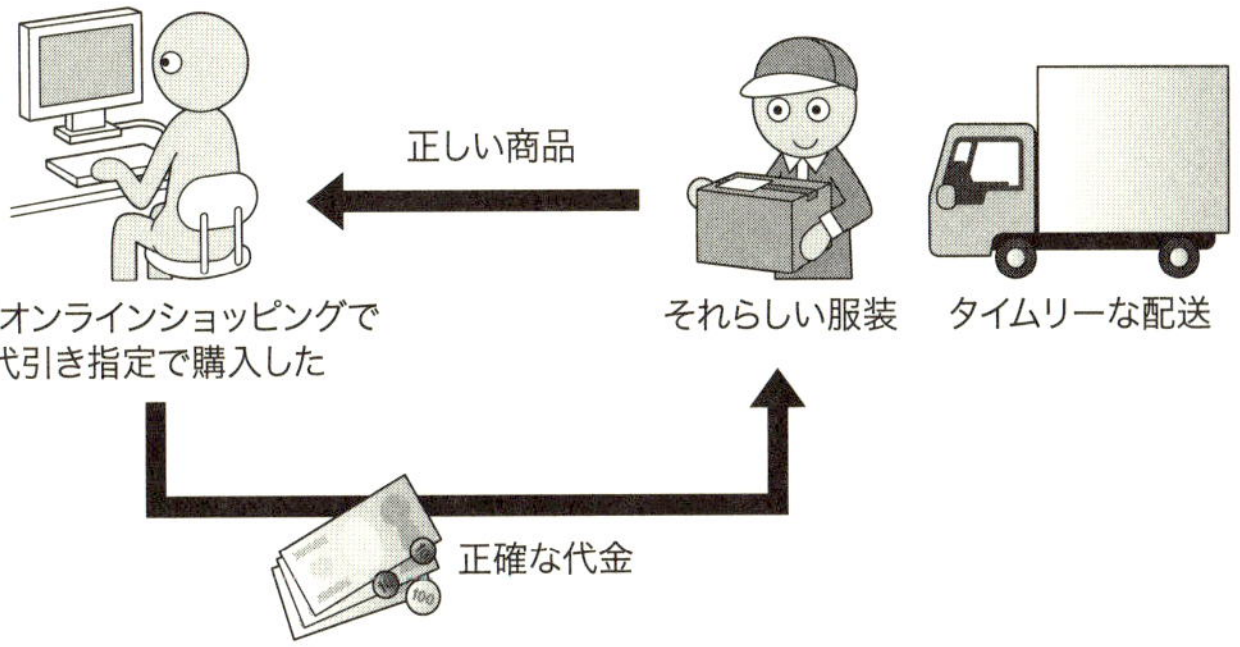

図1－5　状況との整合性から生じる信頼関係の例

しかし、よく考えると、購入プロセスでその番号を知らせてくれた「確認の電子メール」は、暗号化されていません。ということは、電子メールを盗み見してそれらしい制服を用意すれば、偽物でも信頼を勝ち得るかもしれません。確認の電子メールに商品名も記してあれば、偽物と疑われない適切な大きさの段ボール箱を準備することも簡単でしょう。私たちが状況との整合性に頼る場合、「確かに一つ一つは大したセキュリティではないけれども、タイムリーさも含めてすべて辻褄《つじつま》を合わせる不正は大変だろう、いや、きっと無理だろう」などと暗黙のうちに期待している場合が多いわけです。それぞれのアプリケーションに固有の、実務の枠組みと呼んでもよいでしょう。

信頼関係の崩壊は脅威を呼ぶ

信頼関係が崩壊すると、脅威が生じます。ここでは少し一般化して、いかなるパターンがあるかを考えてみましょう。

信頼関係が崩壊しているにもかかわらずそれに気づかないでいると、騙され続ける可能性があります。このパターンで脅威が生じることは、すぐ想像できるでしょう。たとえば、ウェブブラウザがいつの間にか入力情報を犯罪者へ送るコンピュータウイルス付きのものにすり替えられ、それに気付かず使い続けていると、大変なことになります。クレジットカードの情報を、一枚分だけでなく、沢山知られてしまうかもしれません。オンラインショッピングの内容から購買行動のパターンを知られてしまうと、クレジットカード情報を搾取した攻撃者による不正使用が、ますます容易になるかもしれません。経済的な被害を生じない場合でも、入力情報が垂れ流され続けることはプライバシーを大きく傷つけます。恐ろしいことに、プライバシーに関わる情報流出が、別の脅威につながることがあります。なぜなら、個人情報をくわしく知れば知るほど、その人の関心や行動傾向についても推測しやすくなり、サイバー空間と実空間にまたがる詐欺に悪用できる可能性すら高まるからです。

信頼関係が崩壊していることに気付いた場合はどうでしょうか。何かを中止する（あるいは逆に、気にせず先へ進む）などの簡便な対応策をすぐに施して、大きな問題なく解決できるでしょうか。実は、気付いたあとの対応次第で、さらに脅威が生じかねません。なぜなら、情報セキュリティ技術の多くは、異常対応まで含めた評価が不十分だからです。たとえば、ある学会（会議）のホームページにアクセスして参加登録プロセスを始め、暗号通信モードに移行しようとした際に、ブラウザが「信頼できない公開鍵証明書です」という警告を出して移行を一

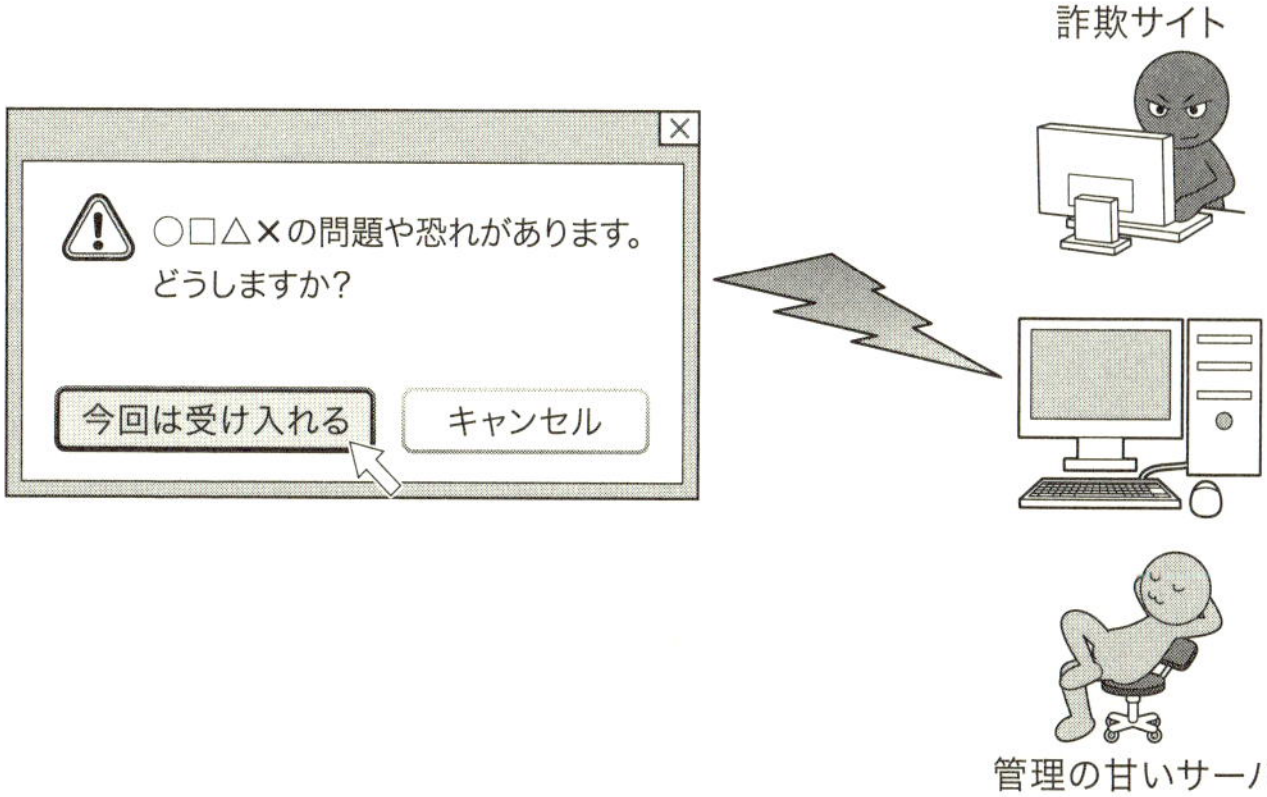

図1－6　異常対応時の判断ミスで生じる脅威の例

セキュリティに関わる異常があるときの重要な判断がユーザに任されているため、安易に利便性を重視した判断から、詐欺やコンピュータウイルス感染の脅威にさらされる。

時停止したとします。その学会への参加を誘う電子メールの中に「公開鍵証明書が古いためブラウザが警告を出す場合がありますが、気にせずに『今回だけ証明書を受け入れる』を選んで先へ進んでください」という注意書きがあったことを思い出して、そのとおりに先へ進んだとします。しかるのちに、あるオンラインショッピングサイトにアクセスしようとして会員登録プロセスを始め、暗号通信モードに移行しようとした際に、ウェブブラウザが「信頼できない公開鍵証明書です」という警告を出して移行を一時停止したとします。学会での経験が記憶に新しかったため「今回だけ証明書を受け入れる」を選んで先へ進み、結果として想定していたオンラインショッピングサイトを模した悪徳業者のウェブサイトへ導かれると、さまざまな搾取に遭うかもしれません。あるいは、管理が甘く、入力された情報を犯罪者へ自動送信するコンピュータウイルスに感染したサーバに接続してしまうかもしれません（図1-6）。異常対応における判断ミスが脅威を生じる、というパターンです。

サイバーリスクの脅威に備えるためには、脅威が生じるパターンを理解することが有効です。

第2章

なぜ脅威が生じるか

サイバーリスクの脅威の細かな事例をすべて覚えるのは大変ですし、必ずしも効果的ではありません。一方、脅威が生じるパターンを理解し、脅威が生じる原因を絶つための手を打つことができれば、効果的に脅威に備えることができます。未知の脅威に対して完璧《ぺき》な備えをすることはできません。しかし、理にかなった努力をするかしないかが大きな違いになります。

一　技術の問題

理想の情報セキュリティ

絶対に情報漏洩が起きない、理想の情報セキュリティを実現することはできるでしょうか。単なる理想で構わなければ、NRU-NWDという多層セキュリティの考え方が古くから知られています。今考えているシステムにおける情報（客体）を、それぞれ適切な機密性レベルに分けます。機密性レベルを何段階に分割するかは、システムの要求に応じて決めます。また、そのシステムで情報にアクセスする主体も、同様の分割でそれぞれ適切な機密性レベルに分けます。NRUはNo Read-Upの略で、主体は自分のレベルよりも上位レベルの客体にアクセス

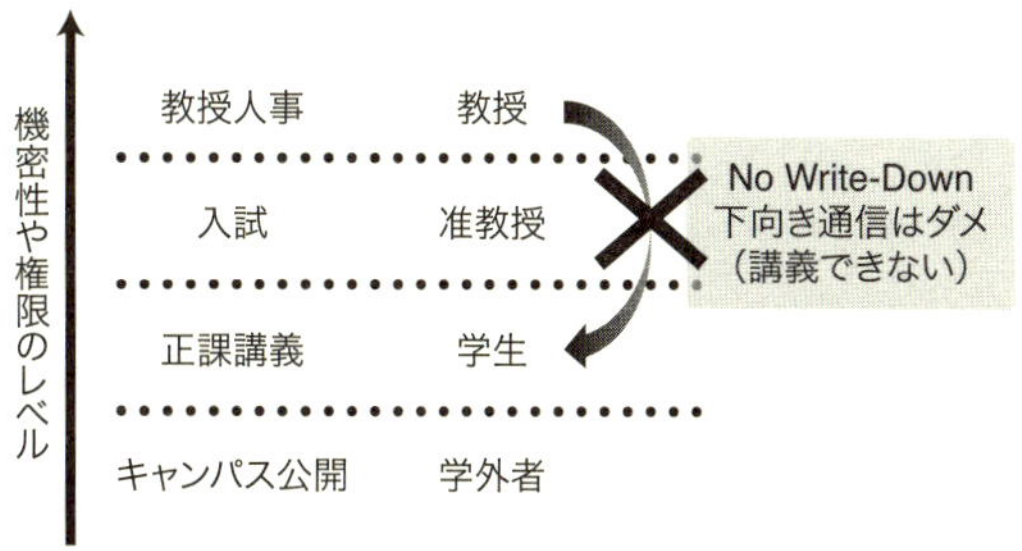

図２−１　非現実的な「理想の情報セキュリティ」の例

NWD（主体は自分のレベルよりも下位レベルの主体に客体を送信してはならない）という理想の情報セキュリティを守ると、教授（上位レベルの主体）が学生（下位レベルの主体）に言葉（客体）を送信することができず、したがって講義もできない、などの不便が生じる。

してはならない、ということを意味します。NWDはNo Write-Downの略で、主体は自分のレベルよりも下位レベルの主体に客体を送信してはならない、ということを意味します。NRU-NWDを厳守すれば、秘匿性を完全に守ることができる、というわけです。

残念ながら、この理想は、一部の狭い世界（たとえば、計算機における特定のタイプのプロセッサ（基本的な処理装置））を除けば、実現困難です。大学教授が大学で行う講義を考えてみましょう。入学試験の業務情報や人事案件に関して一定の権限を持つ教授は、上位レベルに置かれているでしょう。それらの権限を持たない学生は、より下位のレベルに置かれているでしょう。すると、講義が許されなくなります（図２−１）。講義では上位の教授から下位の学生への語りかけや板書といった通信があり、NRU-NWDに反するからです。

暗号技術には、帰着に基づく証明可能安全性という

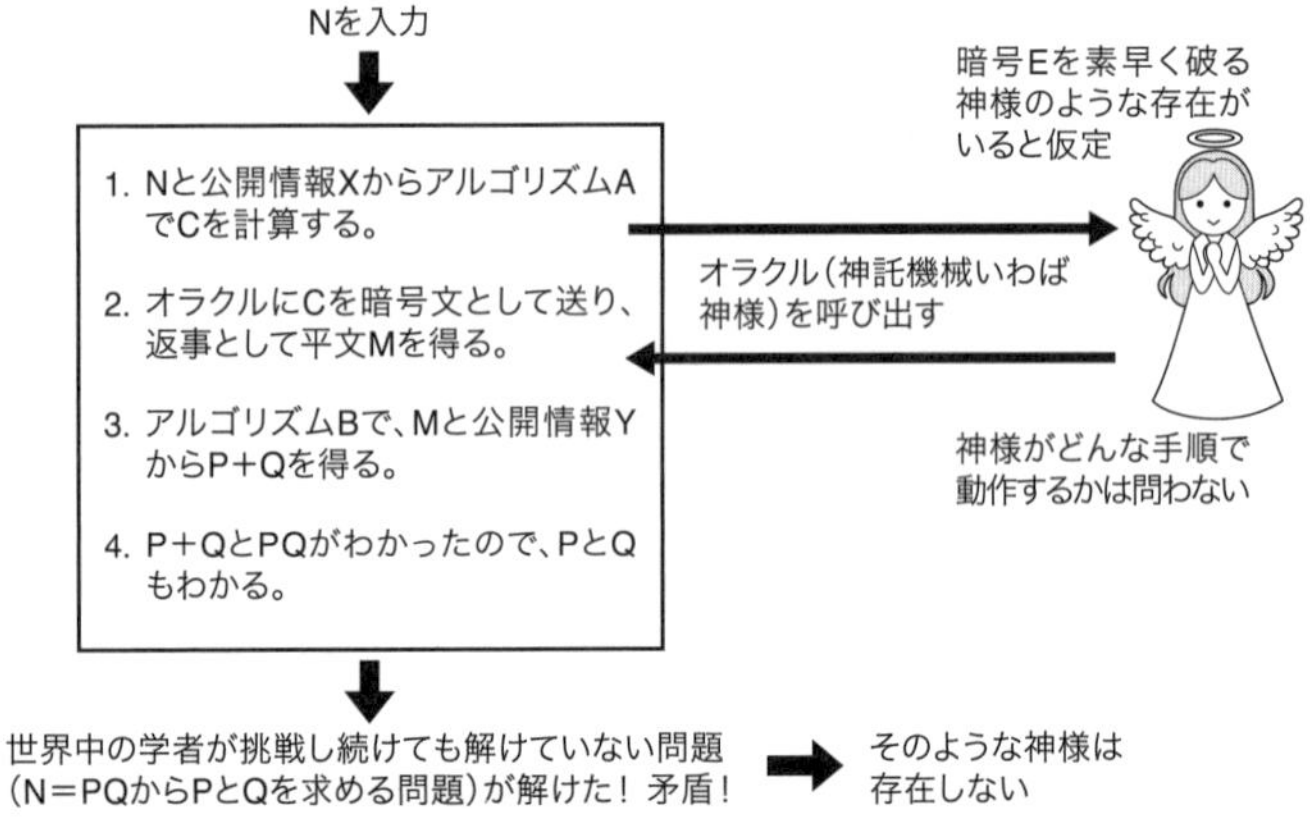
Nを入力
1. Nと公開情報XからアルゴリズムAでCを計算する。
2. オラクルにCを暗号文として送り、返事として平文Mを得る。
3. アルゴリズムBで、Mと公開情報YからP+Qを得る。
4. P+QとPQがわかったので、PとQもわかる。
暗号Eを素早く破る神様のような存在がいると仮定
オラクル（神託機械いわば神様）を呼び出す
神様がどんな手順で動作するかは問わない
世界中の学者が挑戦し続けても解けていない問題（N=PQからPとQを求める問題）が解けた！ 矛盾！
そのような神様は存在しない

図2－2　帰着に基づく証明可能安全性の例

手順を問わず、攻撃が存在すると仮定すると、矛盾が生じる（この例では、「『二つの異なる大きな素数の積を現実的な計算時間で素因数分解する』という世界中の誰も解けていない超難問が解けてしまう」という矛盾が生じる）。したがって、背理法により、攻撃は存在し得ないと結論付ける。

考え方があります。「あるモデルのもとで攻撃が存在すると仮定すると、矛盾が生じる。したがって、背理法により、攻撃は存在しえないと結論付ける」という安全性証明がなされます（図2－2）。これは、ヒューリスティック・セキュリティ（経験的な安全性）とは異なります。ヒューリスティック・セキュリティでは、何か具体的な攻撃手順を考え、その手順の中に実行不可能なプロセスが含まれているため攻撃はそこで頓挫する、と主張します。その手順による攻撃が失敗することは主張できますが、ほかの手順で成功する攻撃が存在しないという保証はどこにもありません。

残念ながら、この証明可能安全性という理想も、一部の狭い世界（たとえば、特殊なプロセッサ内で物理的に完全に隔離された領域）を除けば、実現困難です。自分でプログラムを組んで、先ほどの公開鍵暗号による暗号化電子メールのソフトウェアをつくることを考えてみましょう。暗号化では、プログラミング言語で一つの変数の取りうる範囲を越えた非常に大きな整数の四則演算が、いろいろと含まれています。モデルでは、それぞれの演算は一つの演算として一気に行われていると見なします。しかし実際には、変数の表現を工夫し、いくつもの演算を組み合わせて順次実行し、ようやく一つの演算を終えます。たとえば、この演算の途中でプロセッサを叩いて誤動作させ、誤動作の結果を観測することによって、その暗号の実装で隠していた秘密情報の一部を入手できる場合があります。いかに高度な暗号数学で安全性を証明しても、モデルが実現できない世界での安全性については、何も保証はしてくれません。要素技術のモデルからの乖離《かいり》は、理論研究成果を実際に使うときに脅威を生じる一つのパターンです。

ただし、この乖離を体系的に評価する研究によって、現実的なシステム化へのベースライン（目安となる基準）を得られる場合があります。少なくともこの意味において、理想の情報セキュリティを研究することはきわめて重要です。

理想のサイバーセキュリティ

サイバー空間における多様な主体や客体と実空間におけるそれらが複雑に絡み合い、不特定多数の主体が登場するサイバーセキュリティでは、理想が通じる狭い世界と見なせるものは、きわめて少ないといえるでしょう。

たとえば、オンラインクレジットカード決済のプロトコルを考えます。プロトコルとは、一連のやり取りを通じて何らかの作業を実行する取り決めのことです。「まずAさんが乱数Rを生成し、BさんにRを送る。次に、Bさんが、Rと自分のクレジットカード番号を並べて一つの数値と見なし、関数fに入力した結果の出力Fを計算する。Bさんは、FをAさんに送る。……」のように、どの主体がいかなる計算をしていかなる通信をするか、事細かに取り決められています。オンラインクレジットカード決済におけるさまざまな主体をモデル化し、それらが行いうる行為も把握してモデル化できたとしましょう。ここでいうモデル化とは、一般化をして幅を広げるという意味ではなく、むしろ、具体的に限定するという意味です。

●クレジットカード所有者（買い物客）は、注文情報（何をいかなる条件で購入するか）をオンラインショッピング事業者および店舗と共有するけれども、ほかの主体とは共有しない。
●クレジットカード所有者（買い物客）は、支払い情報（どの手段で誰に何円支払うか）をクレジットカード会社と共有するけれども、ほかの主体とは共有しない。
●クレジットカード所有者（買い物客）は、支払い情報の入力を間違うことがあるけれども、ほかの入力は間違えない。

などの限定が生じます。すべての主体の行動を把握し限定できているということは、まさに理想的だといえるでしょう。そして、プロトコルを実行するシステムの状態を定義し、「いかなる状態がセキュリティの破られた状態か」を定義します。たとえば、「クレジットカード所有者（買い物客）以外が『どの注文情報がどの支払い情報に対応しているか』をそれらの情報内容とともに知っている状態」などです。プロトコルに関与する主体もそれらが行いうる行為も限定されているので、実現されうる状態もかなり限定され、「セキュリティが破られた状態が実現されることはありえない」と論理的に証明できる場合があります。

残念ながら、この理想も、一部の狭い世界（たとえば、特定のプロジェクトの実証実験）を除けば、実現困難です。たとえば、配送先を操作し注文情報を意図的に間違えることができれば、モデルが成り立ちません。先の証明が厳密であっても、モデルが成り立たなければ、「セキュリティが破られた状態が実現されることはありえない」という保証はできません。配送先の操作は、搾取したクレジットカード情報を悪用してオンラインショッピングで購入した品物を「あとで追跡できないような場所」で受け取ることに利用されかねない、大変危うい操作です。サイバーセキュリティにおけるモデルからの乖離は、実空間での犯罪の利益確定に直接結びつきかねない脅威を生じる一つのパターンです。

ただし、この乖離を体系的に評価する研究によって、現実的なシステム化へのベースラインを得られる場合があります。少なくともこの意味において、理想のサイバーセキュリティを研究することはきわめて重要です。

ユーザブル・セキュリティ

安全性と利便性にはトレードオフがあるとよくいわれます。たとえば、提示された指紋が登録された本人の指紋情報とどの程度似ているか、という指標で認証を行うシステムを考えてみましょう。センサーで読み取った限られた画像情報が用いられ、指の乾燥状態などのコンディションや照明などの環境も異なると、照合には揺らぎが避けられません。そのため、うまく判断基準を調節しなければなりません。判断基準を厳しくしたほうが、他人を受け入れてしまう確率が下がり、安全性は向上します。一方、本人を拒否してしまう確率が高まり、利便性が下がります。逆に、判断基準を甘くすると、利便性は向上しますが安全性は下がります（詳細は第7章参照）。

認証システムのように、それ自体がサイバーセキュリティの一環であるシステムに関しては、安全性と利便性のトレードオフと改善策が盛んに研究されており、ユーザブル・セキュリティという専門分野名があるほど重視されています。

ユーザブル・セキュリティの研究で明らかになっている脅威には、少なくとも三つのパターンがあります。第一のパターンは、利便性を下げてでも安全性を高めるという選択をした場合に、利便性が下がった影響として最終的には安全性まで下がってしまうというパターンです。

典型的なものとして、あまりにも長いパスワードを強要したがために、みながみなパスワードを紙に書き、しかも攻撃者の目に触れてしまう、という例があります。第二のパターンは、安全性を下げてでも利便性を高めるという選択をした場合に、その事実が利用者にうまく伝わらず、不相応な使われ方をしてしまうというパターンです。典型的なものとして、来訪者の便宜を考えて不特定多数に認証なしで無線LAN（Local Area Network）サービスを提供している大学で、来訪者が「有名大学だからセキュリティもしっかりしているはず。少なくとも、自分の職場並みではあるだろう」と勘違いして、自分のオフィスにいるときと同じオプションで接続したがためにコンピュータウイルスに感染する、という例があります。

一方、注意すべきことに、第三のパターンとして、もともとはサイバーセキュリティとあまり関わりないように思われるところで利便性向上のためになされた工夫が脅威を生じる、というパターンもあります。たとえば、電子メールを出そうとして宛先の電子メールアドレスを入力するとき、途中まで入力しただけでも（あるいは、電子メールアドレスに付されていた名前の一部を入力しただけでも）、過去の入力履歴を参考にして電子メールソフトが残りを自動的に補完してくれる場合があります。この補完機能は、利便性を大きく向上させます。しかし、サイバー空間では、作業がスピーディに進むと人は調子に乗ってさらにスピードを上げ注意力散漫になるのか、補完された結果が自分の意図した電子メールアドレスと似て非なるものであっても、気付かずに送信してしまうことが少なからずあります。誤送信は、本来その情報を知

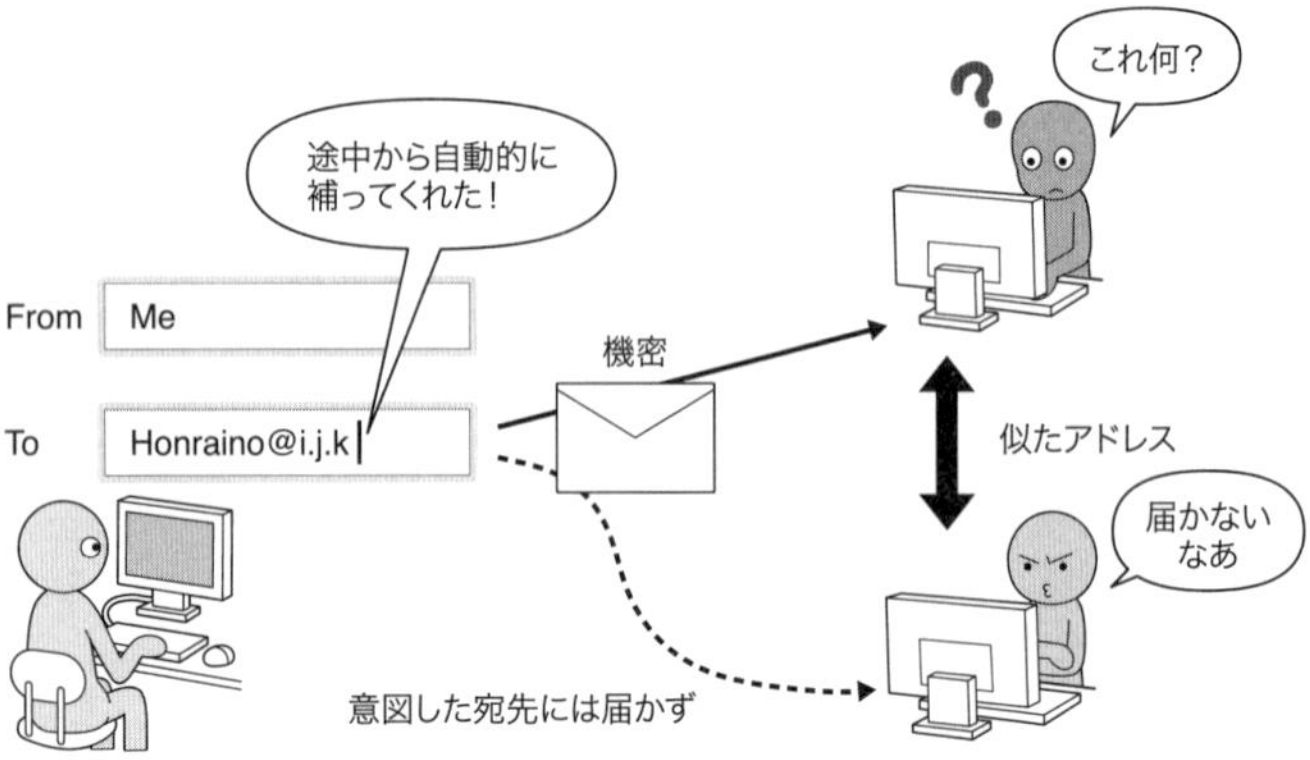

図2−3　錯誤によるインシデントの例

攻撃だけでなく、錯誤もインシデントにつながる。皮肉にも利便性向上の工夫がきっかけとなる場合が少なくない。

らせてはならない人に知らせてしまうという情報漏洩につながる脅威です。攻撃だけではなく、錯誤もインシデントにつながることがあります（図2−3）。

評価手法の限界と可能性

セキュリティの確保が基本要素に関する品質管理の徹底である以上、防御手法そのものだけでなく、防御手法の評価手法もサイバーセキュリティの柱です。理想のサイバーセキュリティが実現しにくいということは、防御手法という意味での技術の限界であるとともに、防御手法の評価手法という意味での技術の限界でもあります。狭い世界でしか評価できていないものを、どうすれば安心して使えるのでしょうか。この課題が、サイバーセキュリティでは突きつけられているのです。

難しい課題があるからといって、悲観的になる必要はありません。サイバーセキュリティで遭遇する広い世界では、まだ評価できていないからこそ、明るい未来への可能性もまた広がっています。たとえば、IDとパスワードを用いた認証方式を批判する声が、よく聞かれます。

●安易なパスワードは、攻撃者に推測される。
●短いパスワード、個人情報と関連深いパスワード、ほかのシステムで使用しているものと同じパスワード、有名な固有名詞と関連深いパスワード、いずれも安易である。
●安易でないパスワードを義務付けると、今度は、ユーザがパスワードを覚えられず、紙やファイルに書いてしまう。
●頻繁にパスワードを変更するよう義務付けても、同じく、ユーザがパスワードを覚えられず、紙やファイルに書いてしまう。
●そもそも、パスワードは、紙に書きやすいし、他人に口頭で伝えるのも容易である。そのため、漏れやすい。
●コンピュータウイルスなどのマルウェアが蔓延《まんえん》して、システム側でパスワードを保存したファイル自体が漏洩するリスクが増している。

などの批判のいくつかは、読者のみなさんも耳にしたことがあるでしょう。一方で、IDとパスワードを用いた認証方式は、さまざまなシステムで現在も使われ続けています。それらは完全に破綻しているでしょうか。確かに、ＩＤとパスワードを用いた認証方式を用いたシステムにおいて、インシデントは起きています。しかし、たとえばオンラインショッピングに関わる事業者が、それらのインシデントを原因として赤字や事業縮小、あるいは倒産に追い込まれているでしょうか。冷静に振り返れば、意外に何とかなっています。むしろ、多くの利益を出して事業拡大している場合すらあります。

サイバーセキュリティでは、さまざまな要素が絡み合う中で許容できる安全性が保たれている、という事例をほかにも多く見かけます。多要素ということが、重要なキーワードだといえます。ＩＤとパスワードだけでなく指紋認証も併用します、というようなアプローチだけが多要素なのではありません。たとえば確認の電子メールに忍ばせた情報を迅速に使うことを義務付けたり、サイバーセキュリティとはいいつつも、システム内のいくつかのポイントでは実空間における痕跡が残るようになっていたり、さまざまな工夫が施されています。これらはすべて、多要素の一要素といえるでしょう。

サイバーセキュリティの評価技術が成熟していないにもかかわらず、多くのサービスがインターネットを介して先走って提供され、ますます拡大する傾向にあります。それらのサービスが続いている以上、学ぶべきことも多いはずです。何を学ぶか、また、学んだことをどう活用するかを考えると、ポイントになるのは評価技術の進展です。そこには大きな可能性が秘められています。

ケルクホフスの原則

評価技術の進展をめざすうえで、忘れてはならない原則があります。たとえば、暗号技術においては、「暗号のアルゴリズムを秘密にしているから誰にも読めませんよ」という安易な方向へ逃げないことが重要です。

●暗号技術は、攻撃者が秘密鍵以外のすべてを知っていてもなお安全であるべきである。

という原則を「ケルクホフスの原則」といいます。

やや一般化して解釈すれば、サイバーセキュリティにおける安全性評価は本来、

●攻撃者は防御手法を知っている。

と仮定して実施しなければならない、ということがわかります。

原則に反すると、さまざまな不都合が生じます。たとえば、その防御手法の開発に携わった者が不満をもって退職した場合や買収された場合には、脅威分析で考えられたレベルよりもき

わめて強力な攻撃者となってしまいます。また、手法を公開していなければ客観的な議論が十分できず、標準化が困難となります。手法を隠し、誰かが秘密裏に評価した結果を信用して、インターネットのような世界のインフラで使う標準技術を定めることができるでしょうか。手法を隠したままで、標準技術を広く普及させることができるでしょうか。同様の理由で、手法を非公開とすると、製品検証が難しくなります。サイバーセキュリティにおける製品検証では、技術が正しく実装された製品であるかどうかを所定の機関などが確かめ、要素技術の理想からの乖離が致命的なものになることを防ぎます。現実のシステムでは、要素技術の安全性が理想の世界でしか保証されていなくても、理想からの乖離が致命的でない限り、組み合わせ方や使い方と運用、すなわちシステム化を適切に行って、実際に許容し使用できるシステムにします。防御手法の技術仕様を明らかにしておくことは、サイバーセキュリティのための実務の枠組みを助け現実のシステムを守るうえで、きわめて重要です。

最悪の情報セキュリティと最悪のサイバーセキュリティ

すでに見たように、理想の情報セキュリティや理想のサイバーセキュリティは難しいものです。しかし、あきらめず丁寧にそれらの研究に取り組めば、実際のシステムに貢献できます。一方、あきらめて暴走すると、最悪の情報セキュリティと最悪のサイバーセキュリティにつながります。そこには二つのパターンがあります。

第一のパターンとして「どうせ現実には何も保証してくれないならば、費用のかかるセキュリティ技術を使うのは止めよう」と考えるとどうなるでしょうか。まったく安全ではなくなるでしょう。扉に鍵がなければ、誰にでもすぐに開けられてしまいます。

第二のパターンとして「どうせ現実には何も保証してくれないならば、独自に低コストで開発したセキュリティ技術を使おう」と考えるとどうなるでしょうか。多くの場合、第三者の評価を受けていないので、安全性に自信が持てないでしょう。部品からすべて独自の日曜大工で扉に鍵を付けて暮らすには、勇気が必要です。しかも、実は低コストを実現するのも容易ではありません。

いずれのシナリオも、最悪の情報セキュリティをもたらします。なぜでしょうか。安全性評価を甘く見ており、安全性評価を甘く見るとシステム化を適切にできないからです。

まったく防御しなくても狙われないから安全だ、と考えてよいでしょうか。今やもう、外部と完全に隔離されたシステムだけを考えることはありえません。インターネットに接続したそのとき、瞬時にして世界中から多くの攻撃やその準備通信が押し寄せます。来訪者のUSBメモリを軽率にも差し込んだがために、コンピュータウイルスに感染する場合もあります。不正をしかねない人が内部にいれば、さらに危険です。インターネットに接続したそのとき、瞬時にして内部から世界中へ不正な通信が送られる可能性があります。安全性評価では、脅威を正しく把握しなければなりません。第一のパターンでは、安全性評価のための脅威分析を甘く見ています。

自作で新しく、誰も仕組みを知らないから安全だ、と考えてよいでしょうか。技術仕様を公開するという原理原則に反する第二のパターンでは、安全性評価全体を甘く見ています。

二　人の問題

認識の甘さが招く不幸

リスクに関する認識の甘さは、最悪の情報セキュリティと最悪のサイバーセキュリティを招きます。一般に、ある事柄に認識の甘い人は、直接の因果関係のない事柄でも問題を起こす可能性が高まります。医学の世界でも、医学的には因果関係を説明できない疾病罹《り》患率の間に、統計的には相関があるという例が見受けられます。それらの中には、健康管理に関する認識の甘さを介して相関がある、と考えれば説明できるものも少なくないようです。情報セキュリティの世界でも、たとえば、電子メールを送信するときの宛先アドレス確認に関して軽率な人は、重要な書類をコピーしたときに原本をコピー機に置き忘れるというミスをする確率も高い傾向にあります。負の連鎖が、問題をどんどん大きくします。認識の甘さが招く不幸の影響は、はかり知れません。

新人研修でサイバーセキュリティに関する教育をする際に、細かな知識を教えようとしても

(あるいは学ぼうとしても)際限がないのでいい加減で構わない、という認識で望んではなりません。心構えを教え学ぶことこそが、もっとも大切なのです。怠れば、内部者による不正やミス、そして、内部者と同等の権限を入手した攻撃者による不正が、強力な脅威となって襲いかかります。

内部者による不正とPDCAサイクル

理想的な狭い世界でしか評価できていない技術を用いると、理想とのギャップから脅威が生じます。これは人の問題だ、といわれることも少なくありません。確かに、システムにおける実装のバグ(不具合)に基づく脆弱性をつかれたインシデントは、人の問題という色彩が濃いといえます。テスト環境と実環境では、違いが大きかったのでしょうか。安易なパスワードが原因のインシデントも、多くは人の問題でしょう。うちの社員は大丈夫、という考えが通用しなかったのでしょうか。これらについては、確かに、人の問題として考察する必要があります。しかし、技術的な問題と両方同時に考えなければなりません。セキュリティに関連するバグだけでなく、ソフトウェアのバグの問題は、多かれ少なかれソフトウェア工学における技術的な問題を含んでいます。

人の問題としての性格がより濃いものは、内部者による不正の脅威です。

いわゆるコンピュータ犯罪が報じられるようになった黎《れい》明期から、内部者による不正は主要な脅威の原因でした。たとえば、銀行口座から預金を横領してその発覚を遅らせる手口として、銀行の行員が関与するものがありました。サイバーセキュリティにおいても、内部者による不正は大きな脅威です。極端な場合、管理者が買収されてしまえばパスワードファイルは脅威にさらされます。

「内部に不正者がいたら、やられてしまうのは当然」と開き直って、内部不正から何も学ぼうとしないのは、賢明ではありません。内部者による不正が大きな脅威であるのはなぜか、より一般的に考えてみると、「内部者による不正は、脅威分析結果よりも強力な攻撃者を生み出すから」ということがわかります。脅威分析よりも強力な攻撃者を生み出すというパターンをほかにも丹念に洗い出すことによって、次の脅威を未然に防ぐことができるかもしれません。もちろんこれは、脅威分析のやり直しと見なすこともできます。言い換えれば、ＰＤＣＡがサイクルであることには大きな意義がある、ということです。

アウトソーシング

アウトソーシングを行うと、異なる組織の人員が内部者と同等の権限で業務に携わることが増えます。業務のＩＣＴ（情報通信技術）への依存度が高まっていますので、彼らが不正を行うと、内部者による不正並みに大きな脅威となります。しかも、不正だけではなくミスも、内部者によるものは大きな脅威となります。なぜなら、外部者と比べて内部者には大きな権限が与えられているからです。

さすがに、ウェブサーバ管理などのICT業務をアウトソーシングする場合には、セキュリティポリシーの統一を徹底するなど、慎重な取り組みがなされるでしょう。しかし、ICT業務が主役というわけではない業務をアウトソーシングする場合には、油断が生じがちです。この油断が、情報漏洩の脅威を高めます。内部者は、外部者がアクセスできないさまざまな情報にアクセスできるからです。業務のICT依存度が高まると、いかなる業務でも、サイバーセキュリティに十分配慮してアウトソーシングしなければなりません。

派遣社員の増加も、サイバーセキュリティの観点では、アウトソーシングと同様の脅威を増す可能性があります。帰属意識が低い場合には、内部者による不正の脅威を高めます。頻繁に所属組織が変わってセキュリティポリシーの違いや業務上の留意事項に混乱をきたしている場合には、内部者によるミスの脅威が高まります。たとえば、さまざまなメーリングリストの使い分けを誤ると、その電子メールに含まれる情報を、本来知らせてはならない人に送ってしまうことがあります。同報先が多い場合には、ミスになかなか気付かないこともあります。すると、その電子メールに対する返信が繰り返されるうちに、次から次へと情報が漏れることになりかねません。不徹底が脅威を生じる、というパターンです。

後付けセキュリティの問題

人は、問題が起きてからでないと対策導入に動かない傾向があります。ある航空機ハイジャック事件の犯人が、「手荷物受取所への出入りを一方向にしないことのリスクを指摘する手紙を送ったのに無視されたから、本当にできるぞと示すために犯行に及んだ」と話した例があります。その後、手荷物受取所へ一度入ると逆方向へは出られない仕組みが導入されました。理論的には問題が起こりうるとわかっていても、実際に問題が起きるまで対策が導入されなかった不幸な例です。

情報セキュリティの世界では、問題が起きてそれが周知されても、また問題が繰り返されることがよくあります。たとえば「機密情報の入ったパソコンを電車の網棚に置き忘れた」というインシデントが、何度も報道されています。理論的に問題が起こりうるとわかっているだけでなく実際に問題が起きていたにもかかわらず、自分に問題が降りかかるまで十分に対策が導入されない傾向にあることを示唆しています。「他社で起きても、まさか自社では起こるまい」という楽観的な期待が、見事に裏切られたともいえます。なぜ、他社のインシデントで脅威を認識していながらも、すぐに対策を導入しなかったのでしょうか。楽観的な期待だけが原因でしょうか。

忘れてはならない原因は、対象となるシステムがすでに使われていた、ということです。「業務をどんどん電子化しましょう」「いつでもどこでも仕事ができますよ」「出先でのパフォーマンスも向上しますよ」「紙を減らして地球環境に貢献しましょう」など、さまざまなかけ声や動機で電子化を進め、十分なセキュリティポリシーを定めないまま業務を続けていたところ、似たような状況にある他社で置き忘れインシデントが起きました。このような状況を考えてみましょう。

今すぐに持ち出し制限のセキュリティポリシーを実施すると、持ち出しに慣れていた社員の生産性が急激に低下するかもしれません。そう考えると、迅速な対策導入の妨げとなります。また、すでに使われていたシステムに改善を加える「後付けのセキュリティ」は、最初から対策をしていた場合と比べて非効率的です。電子化当初から厳しいセキュリティポリシーのもとで社員を鍛える場合と比べて、あとから厳しくして移行する場合には、さまざまな業務フローを見直す必要などから効率が悪くなるのです。非効率的であれば、費用対効果が悪いように感じられ、迅速な対策導入の妨げとなります。後付けセキュリティであるがためにユーザブル・セキュリティの観点で不利な状況に置かれ脅威にさらされてしまう、というパターンです。

三　制度の問題

セキュリティソフトのメインテナンス

近年は、職場で配布されるパソコンに最初からセキュリティソフト（パソコンの外部との通信を監視して不正な通信を棄却したり、パソコン内をスキャンしてコンピューターウイルスに感染していないか確認したりする機能を持つソフトウェア）がインストールされていることが多くなりました。パソコンで使われる技術そのものを考えれば、セキュリティソフトも実は後付けセキュリティです。しかし、利用者の立場で見れば、最初から導入されているセキュリティともいえるでしょう。大変素晴らしいことです。しかし、そのメインテナンスには、制度の問題がつきまといます。

多くのセキュリティソフトは、定義ファイルの更新などのメインテナンスを日常的に自動で行う設定で利用されています。たとえば、棄却すべき不正な通信を規定するブラックリストを更新する作業などが、随時行われます。この仕組みがうまく機能するためには、そもそも、更新するための情報をセキュリティソフトのベンダーが迅速に入手しなければなりません。

更新に反映すべき新たな脅威の情報を、あるベンダーが入手したとします。同業他社を出し抜いて、自社のセキュリティソフトのユーザだけにフィードバックするのがよいでしょうか。それとも、新たな情報をいつも自社が先に入手するとは限らないので、ユーザのセキュリティソフトに対する信頼感全般を高めるためにも、また、社会の安全を支える事業に伴う責任を果たすためにも、同業他社と連携して常に最新情報を共有する制度を持つほうがよいでしょうか。さすがに後者を選ぶ判断が優勢だとしても、常に最新情報を共有するために最大限の努力がなされるかどうかまで考えると、制度設計の問題に気付きます。

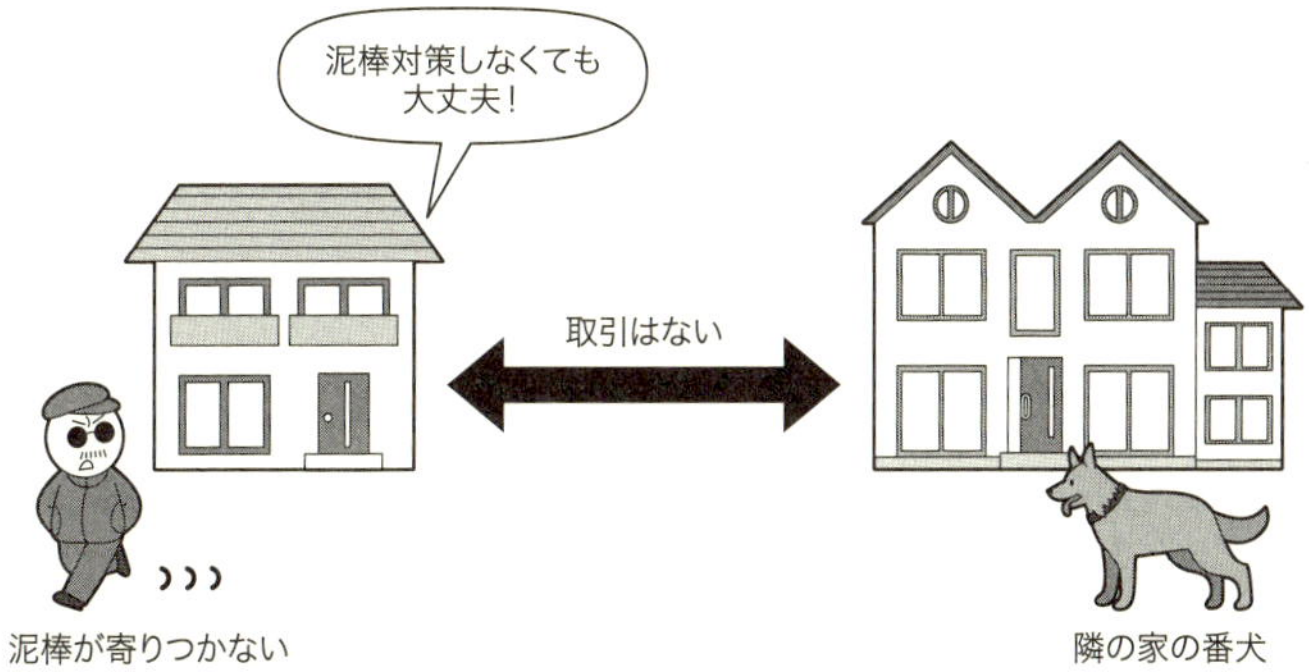

図2－4　外部不経済の例

「同業他社はなかなか手強《てごわ》くて、高い技術力と豊富な運営資金を持っている。わが社が全力で頑張らなくても、必要な情報を十分迅速に入手してくれるだろう」と考えたベンダーは、新たな脅威に関する情報入手の努力をやや怠る（ある程度努力するけれども、目一杯は努力しない）かもしれません。そうすると、業界全体としてのパフォーマンスが低下し、少なくとも、本来の技術的ポテンシャルから考えて達成してしかるべき効果を完全には得られないでしょう。最悪の場合には、実際にやってくる攻撃に対してセキュリティソフトの防御が十分でない状態に陥りかねません。情報共有の「ただ乗り問題」として広く知られている問題です。

ただ乗り問題と外部性

ある経済主体の行為が、ほかの経済主体の意思決定に影響を及ぼすことを「外部性」といいます。たとえば、隣の家に番犬がいて、自分の家に近寄る不審者も十分威嚇してくれるため、その効果に期待して空き巣対策を怠っているとします。この場合、隣の家とは経済的取引がありませんが、隣の家の番犬を飼う行為が、自分の空き巣対策怠慢という意思決定に影響を与えたことになります（図2－4）。

最新の脅威情報を入手する行為が、同業他社が手抜き（極端な場合には、ただ乗り）をする意思決定に影響を及ぼす先の例も、同様のパターンでした。これらのように、経済的取引を通さずに影響を及ぼす場合、とくに技術的外部性といいます。さらに、その結果として健全な動機付けや適切な評価が阻害されると、先の例におけるセキュリティソフトの機能不全や空き巣対策怠慢のように「望ましくない事態」が起きます。市場の失敗です。このようなはたらき方をする外部性を、とくに「負の外部性」、または「外部不経済」といいます。情報セキュリティ分野においては、他者のセキュリティに対する取り組みが影響するという意味で、「情報セキュリティの相互依存性の問題」などと呼ばれてきました。典型的な、脅威を誘発し助長するパターンです。業界や社会として相互依存性の問題を監視し制御できるよう、適切な制度設計を行わなければなりません。

似た問題であって、かつ、対応策が進んでいる問題として、大気汚染と公害、地球温暖化などの地球環境問題がよく知られています。そこでは、環境税や排出権取引などの制度的な対策が問題改善に役立っています。サイバーセキュリティにおける相互依存性の問題も、過去の事例や経済学の理論から学べば、克服できるはずです。サイバーセキュリティの技術的問題には新しく専門的な問題が多いのに対して、制度的問題に関してはほかの分野から学んで役立つことが多いといえるでしょう。そのため、将来発生する問題を予見し、「後付けセキュリティ」ではなく最初の設計段階から対策を組み込むことが、技術的問題の場合よりも比較的容易だと期待されます。ただし逆に、制度設計の重要性に関する認識が甘く「後付けセキュリティ」になってしまうと、制度の変更に対する抵抗感から、技術的問題の場合よりもむしろ深刻な事態になりかねません。注意が必要です。

付加的なサービスと最弱リンク

サイバー空間におけるサービスでは、次々と新しいアイデアが生まれ、急速に発展し普及します。導入コストが低いため、本来の商品やサービスではなく、付加的なサービスでも次々と新たな手が打たれます。結果として、実空間だけでは連携など考えにくい異なる事業者が直接的あるいは間接的につながって、それぞれの抱える問題が互いに影響することがあります。すると、もっとも弱い所（最弱リンク）を破るというパターンの不正が脅威となりかねません。

たとえば、近年、利用実績に応じてポイントやマイルを顧客に付与し、貯まったポイントやマイルに応じてさまざまなサービスを提供する会員制プログラム（ロイヤルティ・プログラム（LP：Loyalty Program））が活況を呈しています。LPでは、優先空席待ちや先行予約販売といった優遇処置が提供されたり、景品あるいはほかのポイントやマイルと交換するサービス

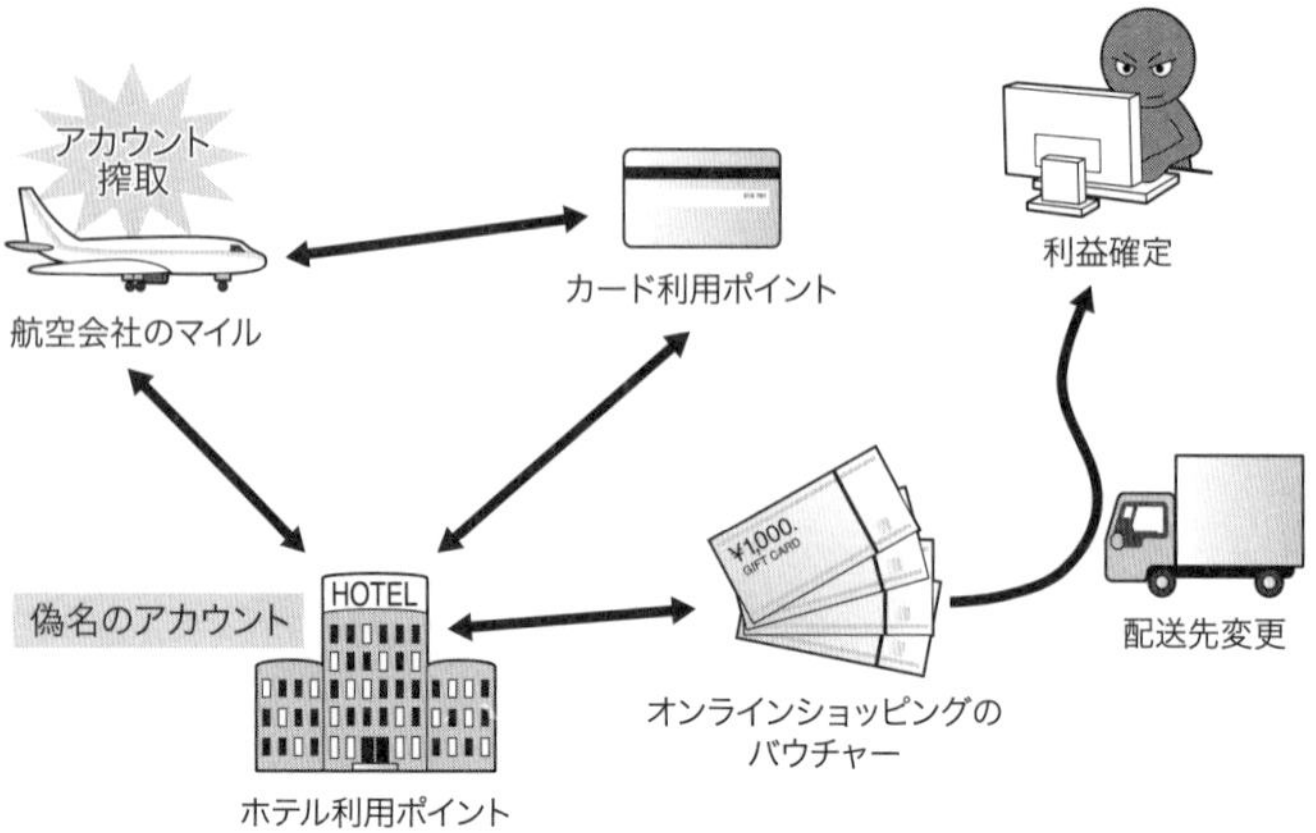

図2－5　異業種連携と最弱リンク突破型の不正

人気があり発行済みポイントやマイルもユーザも多く、その中にはパスワード管理の甘いユーザやアカウントが搾取されても搾取に気付くまでに長い時間がかかるユーザがいるという意味で「もっとも弱い」システムが破られ、偽名でアカウントを作成しやすいという意味で「もっとも弱い」システムを経由して、追跡される可能性の低い方法で利益確定しやすいという意味で「もっとも弱い」システムをゴールとする不正行為。サイバー空間で異業種連携が進めば、さまざまな意味での弱点を巧みに突く経路を辿る不正が横行しかねない。

が提供されたりします。交換サービスは、異なる事業者の連携ネットワークを生み出します。

連携ネットワークは肥大化し、異なるアライアンスに属するライバル航空会社のマイルですら、多くのLPを経由して交換できる場合があります。肥大化が進むと、セキュリティポリシーの不整合や安全性評価の前提に関する不整合などから、最弱リンク突破型の不正が成立しかねません（図2－5）。実際、クレジットカード会社のように会員の身元確認に厳格な事業者、日本の航空会社のように国際線と国内線で身元確認の厳格さが異なる事業者、オンラインショッピングサイトのように身元確認が曖昧な事業者、そして各種ポータルサイトのように身元確認がせいぜい電子メールアドレスの実在程度である事業者、これらすべてが一つ以上つながっているネットワークも見受けられます。それぞれのLPの泣き所を突かれたインシデントが、いくつも報告されています。

たとえば、航空会社のLPの中で、発行済みのマイルが多く、アカウントを搾取したときの犯罪者の利益が大きいものを考えます。そのLPがあまりに広く普及したために、パスワード管理の甘い会員が多数いるとします。そこで、利益の大きさゆえに狙ってきた攻撃者がアカウントを搾取し、マイルをホテルのLPでのポイントに交換したとします。攻撃者はホテルのアカウントを偽名でつくったとしましょう。そして、先ほどのポイントを、そのホテルが提携しているオンラインショッピングのバウチャーに交換し、それで購入した商品の配送を適当なタイミングで変更して利益を確定させたとします。攻撃者は、総合的に見て最弱リンクと思われるLP一つを定めてそこだけを狙うのではなく、「損失（攻撃者から見れば利益）が大きい割にセキュリティはほかのLPと変わらない」「パスワード管理の甘いアカウントが見つかる可能性が高い」「アカウント作成時の身元確認が甘い」「匿名で利益確定しやすい」など、それぞれ異なる観点で最弱リンクを選び、それらが連携していることを利用して手順を踏んで犯罪を行う場合があるのです。

たとえ総合的には頑張っていても、サイバーセキュリティに関係する多くの観点のうち一つでも泣き所があれば、そこを突かれて犯罪に巻き込まれかねません。付加的なサービスを導入するときには、連携先の安全性だけでなく、連携先が「連携先を審査し適切に選択する能力」も吟味して意思決定する必要があります。審査能力の審査は、信頼関係が連鎖するサイバーセキュリティにおいて、重要な項目です。

認識の楽観的ドリフトが招く不幸

リスクに関する認識の甘さは、人だけでなく、組織にも見られます。この不幸は、制度を通じて、本来は認識が必ずしも甘くなかった人にまで影響します。「喉元過ぎれば熱さを忘れる（熱いものでも、飲みこんでしまえばその熱さを忘れてしまう。転じて、苦しい経験や失敗・教訓も、過ぎ去ってしまえば忘れてしまいがちである）」という場合がありますが、サイバーセキュリティにおいても同様の傾向が見られます。認識が甘い方向へ甘い方向へと浮遊（ドリフト）していく「楽観的ドリフト」の問題です。

たとえば、これまで取り扱い規則を明確にしていなかったために、認識の甘い人が軽率な行為をしてインシデントが起きたシステムがあるとします。インシデントを受けて、この組織では、取り扱い規則を定めました。この規則が機能して、インシデントが起きない平和な日々が過ぎていくうちに、もう大丈夫かなという楽観的な考えから厳格さを緩和するように規則を更新しました。すると、明示的に緩和されたものですから、従来は認識の甘くなかった人までが

緩和された方針で行動するようになり、またインシデントが起きました。このように、楽観的ドリフトには、

- 人や組織が時間の経過とともに考えが甘い方向へと向かいがち。
- より甘い人や組織の考え方に染まりやすい。

という二つの側面があります。

制度の緩和は、熟慮のうえ、慎重に実施しなければなりません。

第3章

どうすれば安全にできるか

人まで含めたシステムとしてのサイバーセキュリティの難しさは、すでに見てきたとおりです。一言でいえば、発展途上です。しかし要素技術としては、ある程度成熟しているものがあります。サイバーセキュリティに取り組むためには、それらの技術を避けて通ることはできません。本章では、やや専門的な内容になりますが、代表的な技術から安全のための考え方を深く学びましょう。

一 暗号要素技術

サイバーセキュリティ・サイエンス

私たちは橋を渡るとき、安全に関して何を期待しているでしょうか。少なくとも、橋の強度設計が科学的に行われたことを期待しています。サイバーセキュリティも同じで、攻撃が成功するかどうかについて科学的な安全性評価が必要です。「科学的な安全性評価」とは第三者を納得させるだけの客観性と再現性のある安全性評価ですが、少なくとも三つの本質的な困難性を持っています。

第一に、脅威が急激にかつ適応的に進化するという困難性があります。たとえば、神様が新たな地震の発生メカニズムを発明して新型の地震を起こすなどして、橋に対する脅威が急激に進化することは考えにくいでしょう。ましてや、橋の特徴に適応した（橋の弱点を突いた）特別なタイプの地震が発明されることはないでしょう。ところが、サイバーセキュリティでは、攻撃者は素早く新たな攻撃を発明します。しかも、たとえそのようなスキルの高い攻撃者が世界にごく少数しかいないとしても、彼らがそのアイデアやツールをインターネットで拡散させると、不特定多数の出来心の素人も強力な攻撃者になりかねません。この拡散はきわめて迅速で、元となる攻撃者の発明はたいてい防御の進展に適応したものです。

第二に、理論的に安全性証明できる技術はまだ少なく、多くの技術が実験的な安全性評価に頼らざるをえないという困難性があります。客観性と再現性のために、業界（たとえば学会）で共有したデータを用いるとしても、データである以上は「すでに観測されたもの」です。言い換えれば、過去のもの、つまり今評価しようとしている新しい防御手法を知らない攻撃者しか関与していないデータです。これでは、防御手法の技術仕様を論文や特許として公開したあとでも（それらを知ったうえで工夫してくる攻撃者に対しても）安全かどうか、あるいは、研究開発に携わった者が不満をもって退職したあとでも（元の内部者が攻撃者になった場合でも）大丈夫かどうかは、わかりません。暗号技術のケルクホフスの原則に相当する原則を満たせないのです。

業界でデータを共有するときには、そこに含まれるマルウェア検体のような不正データが悪用されることを防がなければならない、という問題があります。さらに、不正でないデータを集めて評価に使用することにも、困難が伴いがちです。望まざる広告メールなどのスパムメールをハムメール（スパムメールではない電子メール）とより分けるスパムメールフィルタの評価を考える場合、本来、質的にも量的にも評価に十分といえるスパムメールとハムメールを含むデータが必要です。私信の電子メールには個人のプライバシーの問題があり、仕事の電子メールには業務上の機密の問題があるため、十分な質と量のハムメールを準備することは容易ではありません。

第三に、品質管理を徹底すべき情報セキュリティの三要素、すなわち秘匿性・完全性・可用性の間ですら、トレードオフがあるという困難性があります。たとえば、秘匿性や完全性を目的とした認証プロトコルでは、クライアントからの要求を受けたサーバが、何らかの検証作業をします。検証作業をしなければ、秘匿性や完全性が脅かされます。しかし、検証作業をすれば、可用性の脅威に対する耐性が下がります。接続要求を繰り返すサービス妨害攻撃の一つ一つに応対するためのコスト（通信負荷や計算機の負荷）が認証しない場合と比べて高いため、より少数の妨害送信でシステムダウンにつながるのです。

以上のように大変困難で個別の課題も多いことから、「サイバーセキュリティ・サイエンス」という語を用いて研究推進を促す議論が、学会や各国政府関係者の間で盛んになされています。

帰着に基づく安全性証明の意義

暗号技術には、第一の困難性と第二の困難性をある程度解決する「帰着に基づく証明可能安全性」という考え方があり、成功例が数多くあります。今、安全性を証明したい暗号Aを考えます。証明の手順は、次のとおりです。

- Aを効率的に破る攻撃Cが存在すると仮定する。ただし、Cの具体的な手順は問わず、ブラックボックス的に「存在する」と仮定する。「効率的に」とは、破るための計算に要する時間が高々「Aで扱うデータのサイズNの多項式」であることをいう。たとえば、計算時間がNの二乗以下ならば効率的だが、計算時間が二のN乗以上かかるならば効率的ではない。
- これまでに世界中の誰も効率的に解くことができず、これからも効率的に解くことができないと信じられている問題Bを見つける。
- Cを部品として用いて、問題Bを効率的に解く具体的なアルゴリズムDを示す。
- Dの存在は、問題Bを効率的に解くことができないということに矛盾する。
- したがって、背理法により、「Aを効率的に破る攻撃は存在しえない」と結論付ける。

「問題Bの困難性自体がヒューリスティック・セキュリティだ」という批判があるかもしれません。しかし、それでも、安全性証明には大きな意義があります。多くの暗号技術の安全性を問題Bの困難性に帰着して証明できたとします。安全性証明ができていなければ、それらの暗号技術をそれぞれ別々に必死になって攻撃し（それでも攻撃できないということになって初めて）ヒューリスティック・セキュリティをめざしていたところですが、安全性証明ができたおかげで、攻撃すなわち解析研究の労力を問題Bに集中することができるのです。

あるいはまた、解析ではなく設計の観点でも、安全性証明の意義を認められる場合があります。たとえば、問題Bが「Aとは別の暗号bを解く問題」であり、bを部品として利用して暗号Aが構成されているとします。ただし、bが暗号化するデータのサイズは六四ビットに固定されているのに対し、Aでは六四ビットのデータにも一二八ビットのデータにも対応できるとします（計算機で扱うデジタルデータは0または1を並べたものですが、何個並べたデータかでサイズを表現します。たとえば、1101は四ビットのデータです）。もし、六四ビットと一二八ビットの両方に対応できる暗号の設計よりも、六四ビットのデータだけを考えればよい暗号の設計のほうが簡単ならば、安全性証明は暗号設計の助けにもなります。ここでは、ハッシュ関数という暗号技術を例にとって、安全性証明が設計の助けとなる様子を見てみましょう。

入力のサイズが小さく一定のハッシュ関数

たとえば会員サイトにログインするためにIDとパスワードを入力するときのように、私たちが他人に知られたくない情報をウェブブラウザ上で入力するとき、ウェブブラウザは暗号通信モードになっています。その暗号通信モードには、通信経路の途中での盗聴を防ぐだけでなく、改ざんを検知する機能が備わっています。改ざん検知に利用される重要な暗号技術の一つとして、入力データを一定のサイズの出力に圧縮する「ハッシュ関数」があります。

ハッシュ関数には、通常、一方向性が求められます。一方向性とは、出力された値（「ハッシュ値」と呼びます）から元の入力の値を効率的に求めることができない、という性質です。

さらに、暗号分野でハッシュ関数を用いる際には、たいてい、「衝突発見困難性」という性質も求められます。今、ハッシュ関数hへデータXを入力したときのハッシュ値をh(X)と書くことにします。衝突発見困難性とは、同じハッシュ値を出力する異なる入力データの対を効率的に見つけることができない、つまり「h(X)＝h(X')かつX≠X'を満たす対（X, X'）を見つけることが効率的にできない」という性質です。

ウェブブラウザで読むデータのサイズはさまざまであって、動画など大変サイズの大きなコンテンツもポピュラーです。ところが、入力のサイズが大きく、しかも一定でないハッシュ関数の設計が大変難しく、十分な解析研究を経て衝突発見困難性を信じてよいとされているハッシュ関数hは、入力が二五六ビットに固定され、出力が一二八ビットであるとします。今かりに、ウェブブラウザを用いたある特定のアプリケーションでは、ハッシュ関数に入力するデータのサイズが二五六ビット限定で構わなかったため、これ幸いとhを使っているとします。

入力のサイズが長くなっても設計をし直さない方法

これまでは二五六ビットの入力に限定してよい使われ方であったものの、アプリケーションのバージョンアップに伴い、三二〇ビットの入力と四八〇ビットの入力を扱わねばならなくなったとします。ハッシュ関数を設計し直すのは大変なので、次のように、hを繰り返し用いて「三二〇ビットの入力と四八〇ビットの入力を扱う衝突発見困難なハッシュ関数H」を構成する方法を考えました。

●入力Xを一二七ビットごとのまとまりM_1、M_2、…に区切る。それぞれのまとまりを、ここでは「セグメント」と呼ぶことにする。ただし、最後には一二七ビット未満（Xが三二〇ビットの場合は最後のM_3は六六ビットで、Xが四八〇ビットの場合は最後のM_4は九九ビット）が残る。このように入力Xを区切ってセグメントで表現することを、Xが三二〇ビットの場合は$X = M_1 \| M_2 \| M_3$、Xが四八〇ビットの場合は$X = M_1 \| M_2 \| M_3 \| M_4$と記す。縦棒を二本並べた記号‖は連結と呼ばれ、記号の左右のデジタルデータを並べて一つのデータと見なすことを意味する。たとえば11と01の連結は$11 \| 01 = 1101$である。

●一二九ビットの0とM_1を連結してhに入力した出力をh_1とする。すなわち、$h_1 = h(00…0 \| M_1)$である。このh_1と一ビットだけの1と次のセグメントM_2を連結してhに入力した出力をh_2とする。すなわち、$h_2 = h(h_1 \| 1 \| M_2)$である。

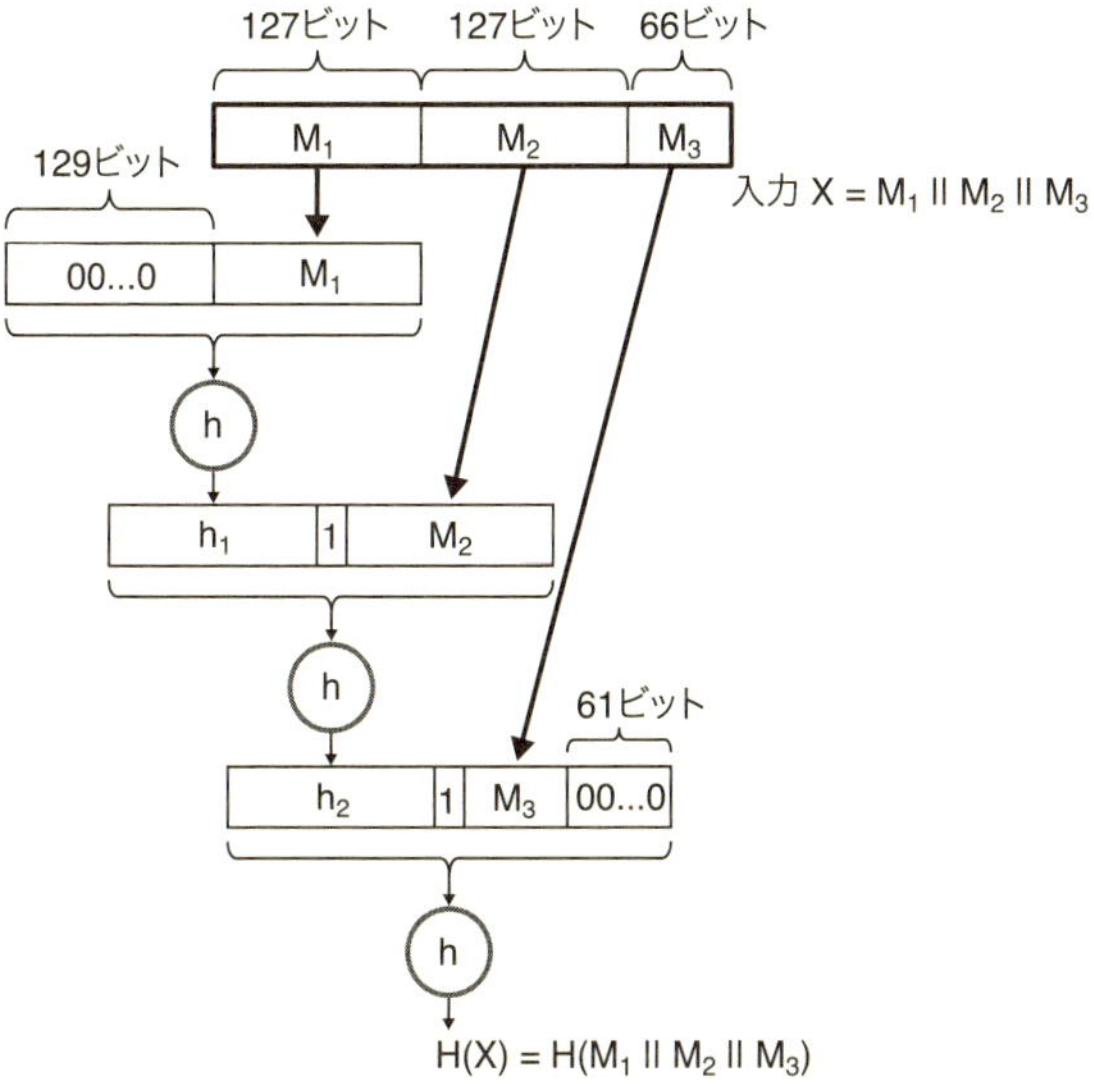

図3-1　証明可能安全なハッシュ関数の繰り返し使用例

縦棒を二本並べた記号‖は連結と呼ばれ、記号の左右のデジタルデータを並べて一つのデータと見なすことを意味する。たとえば11と01の連結は11‖01＝1101である。部品hへの入力の長さは256ビットに固定されている。

●Xが三二〇ビットの場合は、h_2と一ビットだけの1と最後のセグメントM_3、さらに六一ビットの0を連結してhに入力した出力を最終的な出力H(X)とする。すなわち、$H(X)=h(h_2 \| 1 \| M_3 \| 00\ldots0)$である（図3-1）。

●Xが四八〇ビットの場合は、h_2と一ビットだけの1と次のセグメントM_3を連結してhに入力したときの出力をh_3とする。すなわち、$h_3=h(h_2 \| 1 \| M_3)$である。このh_3と一ビットだけの1と最後のセグメントM_4、さらに二八ビットの0を連結してhに入力したときの出力を最終的な出力H(X)とする。すなわち、H(X)

$=h(h_3 \| 1 \| M_4 \| 00…0)$ である。

以上の構成方法は、とくに複雑な暗号数学を使ってはいません。ただ部品hを繰り返し使う際にときどき0や1を規定の箇所に規定の個数連結するだけです。

安全性証明の根幹は必ずしも数学ではない

「もしHの衝突を効率的に見つける攻撃方法Cが存在すれば、hの衝突も効率的に見つけることができる」ということを示せば、背理法により、Hの衝突発見困難性を証明することができます。実際、以下のようにして、hの衝突を効率的に見つけることができます。

- まず、Cを実行してHの衝突を効率的に見つける。この衝突を与える入力対をX、X'とする。これらをHに入力して出力を計算する途中計算に出てくるパラメータを、Xのハッシュ値計算の場合にはダッシュを付けずM_1、h_1、…と表記し、X'のハッシュ値計算の場合にはダッシュを付けてM_1'、h_1'、…のように表記することにする。
- XとX'をそれぞれHに入力し、途中計算結果をすべて手元に残しながら、ハッシュ値が確かに衝突していることを確かめる。
- XもX'も三二〇ビットの場合には、次のように途中計算結果を後ろから順次遡りつつ、hの衝突を見つける。

◆まず、$H(X)=H(X')$ だから、$h(h_2 \| 1 \| M_3 \| 00\ldots0)=h(h_2' \| 1 \| M_3' \| 00\ldots0)$ である。もし $h_2 \neq h_2'$、または $M_3 \neq M_3'$、ならば、$h_2 \| 1 \| M_3 \| 00\ldots0$ と $h_2' \| 1 \| M_3' \| 00\ldots0$ がhの衝突を与える入力対である。

◆偶然にも $h_2 = h_2'$、かつ $M_3 = M_3'$、ならば、$h(h_1 \| 1 \| M_2)=h(h_1' \| 1 \| M_2')$ である。ここで、$h_1 \neq h_1'$、または $M_2 \neq M_2'$、ならば、$h_1 \| 1 \| M_2$ と $h_1' \| 1 \| M_2'$ がhの衝突を与える入力対である。

◆さらに偶然にも $h_1 = h_1'$、かつ $M_2 = M_2'$、ならば、$h(00\ldots0 \| M_1)=h(00\ldots0 \| M_1')$ である。XとX'の第二セグメントも第三セグメントも互いに等しかったからこそ、ここまで遡ってきたわけだが、XとX'は異なるので、第一セグメントは異なる。よって、$00\ldots0 \| M_1$ と $00\ldots0 \| M_1'$ がhの衝突を与える入力対である。

●XもX'も四八〇ビットの場合には、XもX'も三二〇ビットの場合と同様にして、hの衝突を見つける。

●Xが三二〇ビットでX'が四八〇ビットの場合には、次のように途中計算結果を後ろから順次遡りつつ、hの衝突を見つける。

◆まず、$H(X)=H(X')$ だから、$h(h_2 \| 1 \| M_3 \| 00\ldots0)=h(h_3' \| 1 \| M_4' \| 00\ldots0)$ である。入力が三二〇ビットの場合のセグメントの分け方と、四八〇ビットの場合のセグメントの分け方から、M_3 は六六ビットで、M_4' は九九ビットである。もし、h_2 と h_3' が異なるか、または

M_3と「M_4'の左から六六ビット」が異なるか、さらにまたはM_4'の右から三三ビットの中に一つでも1があれば、$h_2 \| 1 \| M_3 \| 00\ldots0$と$h_3' \| 1 \| M_4' \| 00\ldots0$がhの衝突を与える入力対である。

◆もし、偶然にも、h_2とh_3'が等しく、M_3と「M_4'の左から六六ビット」も等しく、さらにM_4'の右から三三ビットがすべて0であれば、$h(h_1 \| 1 \| M_2) = h(h_2' \| 1 \| M_3')$である。$h_1 \neq h_2'$、または$M_2 \neq M_3'$ならば、$h_1 \| 1 \| M_2$と$h_2' \| 1 \| M_3'$がhの衝突を与える入力対である。

◆さらに偶然にも$h_1 = h_2'$かつ$M_2 = M_3'$ならば、$h(00\ldots0 \| M_1) = h(h_1' \| 1 \| M_2')$である。この式では、入力の左から第一二九ビット目がそれぞれ0と1であり、異なっている。よって、$00\ldots0 \| M_1$と$h_1' \| 1 \| M_2'$がhの衝突を与える入力対である。

●Xが四八〇ビットでX'が三二〇ビットの場合には、Xが三二〇ビットでX'が四八〇ビットの場合と同様にして、hの衝突を見つける。

安全性の客観性と再現性

さて、ハッシュ関数の安全性証明を読んで、「わからない」とうんざりした読者はいらっしゃるでしょうか。かりに、ユーザが「わからないから、このハッシュ関数に支えられたウェブブラウザへの入力は不安だ」と主観的に思ったとしても、科学的に客観的に安全性証明が認められていれば「安全」というのが情報セキュリティ分野の特徴です。理論的に正しければ、専門家は安全性証明を辿って再現できます。

一方、実験的な安全性評価に頼らざるをえない技術をどう考えればよいのでしょうか。たとえば、新しいスパムメールフィルタを大学のある研究室が開発したとします。実験で評価して優れていれば、新技術として特許を申請し論文も発表したいと考えました。そこで、同じ大学の学生一〇〇人に使ってもらい、一週間の間に受け取ったスパムメールの何パーセントを見逃したか（偽陰性確率）と、同じくハムメールの何パーセントを誤ってスパムメールと認識してしまったか（偽陽性確率）の報告を受け、偽陰性確率と偽陽性確率のそれぞれについて一〇〇人の平均値と標準偏差（どの程度ばらついているかの指標）を算出したとします。ばらつきが十分小さく、平均値も既存技術の典型的な値（すでに論文や特許として公表されるとともに実用化されている技術であって、その製品が非常に広く普及しているものについて、製品モニタとなった一〇万人のユーザが、一年間に体験した偽陰性確率と偽陽性確率のそれぞれの平均値）の半分以下だった場合、客観性と再現性に自信を持って安全性が向上したといえるでしょうか。残念ながら、少なくとも次の二つの問題があります。

第一に、ハムメールの傾向が違い過ぎるかもしれません。大学の実験では、人数が少ないかもしれません。ユーザが偏った集団かもしれません。

第二に、スパムメールの質が違い過ぎるかもしれません。すでに技術仕様が公開されている製品については、その仕組みを回避すべくスパマー（スパムメールを送りつける攻撃者）が工夫してスパムメールをこしらえ、送信しているかもしれません。一方、大学の未発表の技術については、スパマーがとくにその仕組みを回避すべく工夫してきたわけではありません。特許や論文を出し実用化したあとで同様の成績を残せるかどうかは、わかりません。

第一の問題は、必ずしもサイバーセキュリティに特有の問題ではありません。ユーザによる実験に頼る他分野の技術の評価でも、医学、薬学、あるいは社会科学や人文科学における調査でも、同様の問題が見られる場合が少なくありません。対策として利用できる知見も多いので、それらを活用する取り組みが可能です。たとえば、実験に協力するユーザ層を広げるときに、協力することによっていかなるリスクを負うかなどの説明をどうするかという問題があります。実験用と製品用で技術的に調節する余地があるならば、かなり専門能力の必要な調節かもしれません。これらの問題にどう対処するか、部分的にあるいは包括的に、専門家がコンサルティングするサービスを試みている企業もあります。ただし、サイバーセキュリティは歴史が浅いので、ほかの分野の知見を活かしつつサイバーセキュリティにより適した方法を発展させそれが成熟するまで、粘り強く取り組む必要があるでしょう。

一方、第二の問題は、サイバーセキュリティに特有の問題です。医学や薬学の分野でもウイルスがかなり素早く変異するといった問題は見られるようですが、何しろサイバーセキュリティではきわめて優秀な攻撃者である人間が相手なのです。これまでのところ、ほかの分野を参考にして劇的に第二の問題を克服した例やその見込みのある取り組みはありません。むしろ、サイバーセキュリティに独自の取り組みがいくつか試みられています。たとえば、暗号技術の中にも、理論的な安全性証明と相性が悪くヒューリスティック・セキュリティに頼っているタイプの技術があります。その技術を標準化する際に、世界中から提案を受け付け、それらの技術仕様を公開し、世界中で専門家が解析研究を徹底的に行います。そうして生き残った技術の中から、実用化するうえで考慮すべきほかのさまざまな特性の評価も実施し、さらに最高の提案を標準として採用するという取り組みです。かなりコストがかかるのが難点ですが、基盤的技術として広く普及させるべきものには適しています。

共通鍵暗号のアルゴリズムと標準化

共通鍵暗号というタイプの暗号技術は、多くのものがヒューリスティック・セキュリティでありながら、基盤技術に適した標準化のプロセスが機能した実績が豊富です。たとえば、もっとも普及している共通鍵暗号の一つである「先端暗号化規格（ＡＥＳ：Advanced Encryption Standard）」の標準化は、一九九七年に米国政府が公募し、それに世界から二一件の応募が集まって始まりました。世界中の優れた暗号技術研究者による選考過程では、安全性や動作速度などさまざまな観点で科学的な評価がなされ、公開の場で議論が尽くされました。最終的には、ベルギーの研究者が提案した暗号が採用され、いくつかの変更を加えたうえで、二〇〇一年に正式にＡＥＳが定められました。

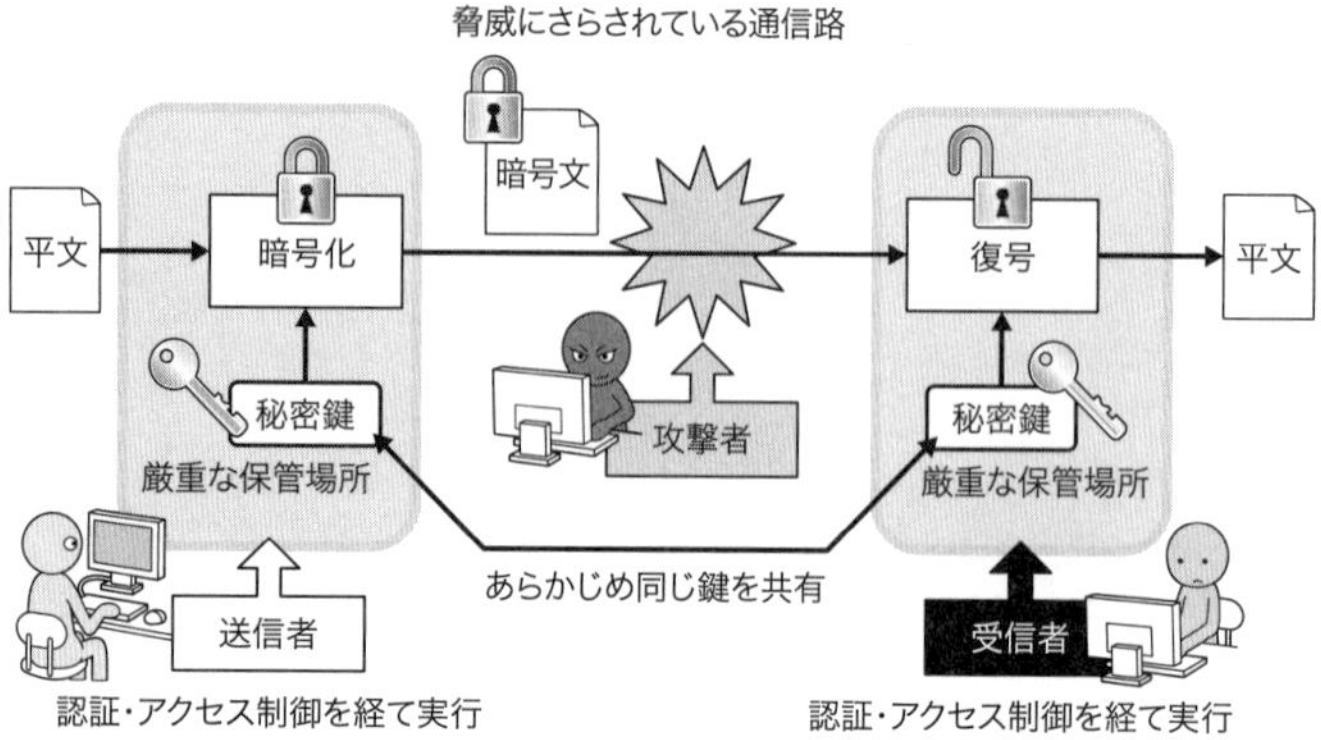

図3－2　共通鍵暗号による暗号通信

暗号技術では、暗号化する前の元の情報を「平文」と呼びます。平文と鍵を入力して暗号化した結果を「暗号文」と呼び、この暗号化で用いた鍵を「暗号化鍵」と呼びます。逆に、暗号文と鍵を入力して平文を出力する処理を「復号」と呼び、この復号で用いた鍵を「復号鍵」と呼びます。共通鍵暗号による暗号通信では、送信者と受信者があらかじめ同じ鍵（秘密鍵）を共有し、厳重に秘密として保管し、それぞれ暗号化鍵、秘密鍵として使用します（図3－2）。標準化で技術仕様を公開していますので、攻撃者は暗号化アルゴリズムも復号アルゴリズムも知っているということが前提です。秘密鍵の共有と保管を厳密にし、暗号化や復号を実行するときの認証とアクセス制御を安全に行うことによって、暗号通信の安全性を確保しなければなりません。

ＡＥＳでは、処理の単位としては、平文のサイズも暗号文のサイズも一二八ビットです。平文を一ビットずつ逐次処理していく共通鍵暗号を「ストリーム暗号」と呼ぶのに対し、AESのようにある程度のサイズのブロックごとに処理する共通鍵暗号を、「共通鍵ブロック暗号」あるいは単に「ブロック暗号」と呼びます。このブロックのサイズ（AESでは一二八ビット）をブロック長といいます。

共通鍵ブロック暗号の動作モード

共通鍵ブロック暗号は、ウェブブラウザの暗号通信モードでホームページにアクセスしているときにも使われます。写真が載っているホームページも多いわけですが、静止画ですらサイズはたいてい一メガバイトを超えています。一メガバイトは一二八ビットよりもはるかに長いので、写真を読み込んで表示するためには多数のブロックを処理しなければなりません。もっとも単純な方法は、平文をブロック長ごとに区切り、最初のブロックから順に一つずつ暗号化する方法です。しかし、この方法では、いくつか問題が残ります。

たとえば、同じ平文を同じ秘密鍵で暗号化すると、いつも同じ暗号文の系列が出力されます。同じ秘密鍵を使っているということを状況から推測できている攻撃者は、同じ平文を送っているのかどうかも推測できます。また、各ブロックの平文に偏りがある場合には、その偏りが暗号文の系列にも反映されやすいため、攻撃者が平文を推測しやすくなります。実際、モノクロのデジタル画像を画素という細かな点に分割して表現するとき、各画素の明るさを八ビットで表現すると一二八ビットでは一六画素にしかなりません。これは面積的にごく限られた範囲で

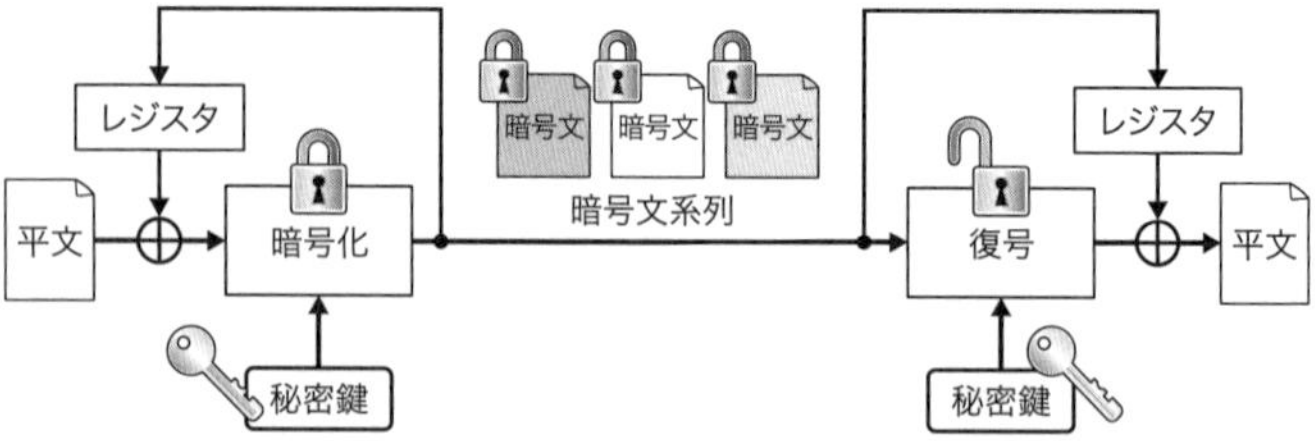

図３－３　共通鍵ブロック暗号の暗号ブロック連鎖モード

０足す１は１、１足す０も１、０足す０は０、１足す１も０、というデジタルの世界（０と１だけの世界）の足し算を排他的論理和と呼ぶ。＋を丸で囲った印は、このような排他的論理和をビットごとに行うことを表している。

すから明るさはあまり変わらず、画像圧縮技術を使ったとしても暗号学的にくわしく分析すると偏りの影響が避けられません。

実際に共通鍵ブロック暗号を使うときには、一工夫した「動作モード」で使います。たとえば、「暗号ブロック連鎖（CBC：Cipher Block Chaining）モード」（図３－３）では、送信者と受信者が、秘密鍵だけでなく、ブロック長と同じサイズの「初期ベクトル」と呼ばれるランダムな情報をあらかじめ共有しておきます。初期ベクトルは、ブロック長と同じサイズの「レジスタ」という一時的な記憶領域に格納します。レジスタに格納されている値は、CBCモードの動作中、一つ一つのブロックを処理するたびに更新されます。その初期値が初期ベクトルというわけです。必ずしも秘密の値ではありません。

ゼロ足す一は一、一足すゼロも一、ゼロ足すゼロはゼロ、一足す一もゼロ、というデジタルの世界（0と1だけの世界）の足し算を「排他的論理和」と呼びますが、CBCモードでは、平文の各ブロックを処理するときに、ビットごとに初期ベクトルの当該ビットとの排他的論理和をとってから共通鍵ブロック暗号の暗号化アルゴリズムに入力します。初期ベクトルが0010110l0…1で平文の第一ブロックが11111011…0ならば、これらをビットごとに排他的論理和で足し合わせた11010001…1を共通鍵ブロック暗号の暗号化アルゴリズムに入力するわけです。図3-3において＋を丸で囲った印は、このようなビットごとの排他的論理和を表しています。こうして偏りを大幅に緩和してから暗号化アルゴリズムで処理し、出力された第一ブロックの暗号文を、レジスタへ戻してレジスタの値を更新します。つまり、平文の第二ブロックの各ビットは、暗号文の第一ブロックの当該ビットとの排他的論理和をとってから、暗号化アルゴリズムに入力されます。同様の処理を、最後のブロックまで繰り返します。

CBCモードの暗号文系列を受信した人は、レジスタが送信者のレジスタと同じ系列をはき出してくれますので、暗号文系列をブロックごとに復号アルゴリズムで処理してからビットごとの排他的論理和をとって平文を得ることができます。排他的論理和では同じ値を足すとゼロ（ゼロ足すゼロはゼロ、一足す一もゼロ）であり、同じ系列を二度足し合わせると打ち消し合うからです。

共通鍵ブロック暗号の動作モードとしては、ほかにもいくつかのモードがよく研究され、標準化されています。私たちが日常的に使うシステムでは、このように使い方まで踏み込んでくわしく評価された暗号技術が実装されているのです。

鍵付きメッセージ認証子

共通鍵ブロック暗号のCBCモードにおいて、平文が最初の「ビットごとの排他的論理和演算」で処理されるべく入力される過程でエラーや改ざんによって乱され、平文のどこか一ビットが（元の正しい値が0ならば1に、元の正しい値が1ならば0に）変わってしまったとしましょう。そのブロックが暗号化アルゴリズムで処理された結果として生じる暗号文ブロックは、そのブロックに含まれる全ビットに影響を受ける可能性があります。そして、その影響はレジスタを介して次のブロックの暗号文にも影響し、連鎖を重ねて最後の暗号文ブロックにまで影響を与えます。この性質は、「鍵付きメッセージ認証子（MAC：Message Authentication Code）」に利用できるのではないか、と期待されます。すなわち、図3－4の認証子生成および検証手順における鍵付きの一方向性関数を構成する手法として、CBCモードの共通鍵ブロック暗号を利用する、という考え方です。

図3－4において、送信者と受信者は、事前に秘密鍵を共有し厳重に保管しておきます。この秘密鍵は、「MAC鍵」などとも呼ばれます。送信者は、文書（メッセージ）と秘密鍵を「一方向性関数」に入力し、認証子を生成します。一方向性関数とは、出力だけを与えられても元の入力を効率的に求めることができない関数です。ただし、鍵と文書の二種類の入力がありま す。送信者は、文書に認証子を添えて受信者へ送ります。受信者は、その文書と秘密鍵を同じ一方向性関数に入力し、その出力と認証子を照合することによって検証を行います。一致しな

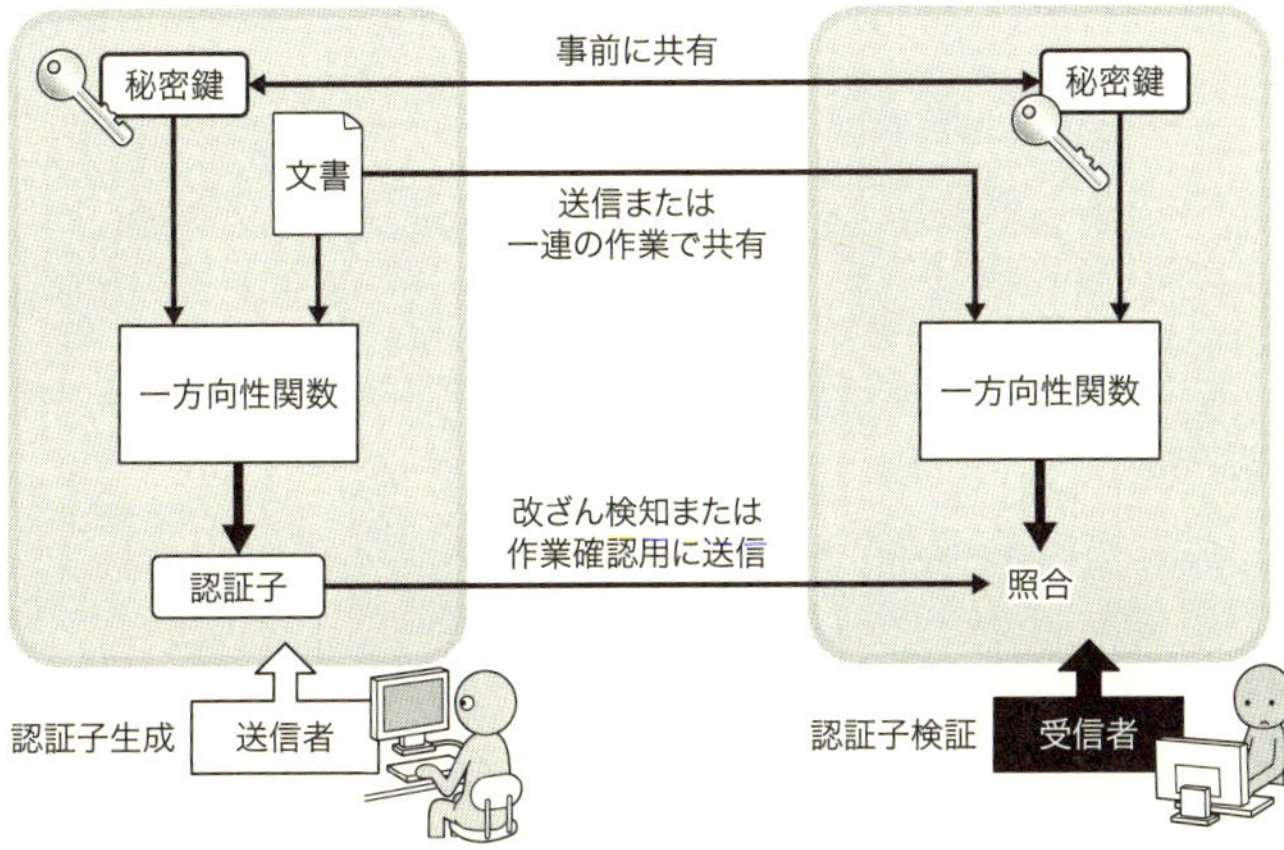

図3－4　鍵付きメッセージ認証子の仕組み

ければ、文書が送られてくる途中で改ざんされたかまたは認証子の偽造が試みられたことを検知できます。文書を一挙に直接送るのではなく、何度かに分けて間接的に送るような状況でも、鍵付きメッセージ認証子は役立ちます。たとえば、一連の処理を両者で協力しながら実行し、その途中の記録をすべて並べたものを文書と見なして鍵付きメッセージ認証子を生成し検証することによって、一連の処理を確かに意図した相手と正しく遂行できたかを確認できます。

もしCBCモードが出力する暗号文系列を丸ごとすべて認証子とするならば、改ざん検知のために追加で必要になる通信量がきわめて大きくなります。文書がNブロックだとすると、認証子もNブロックとなり、通信量が倍増してしまうからです。そこで、文書が一ビットでも変わればその影響が暗号文系列の最終ブロックにまで影響を与え

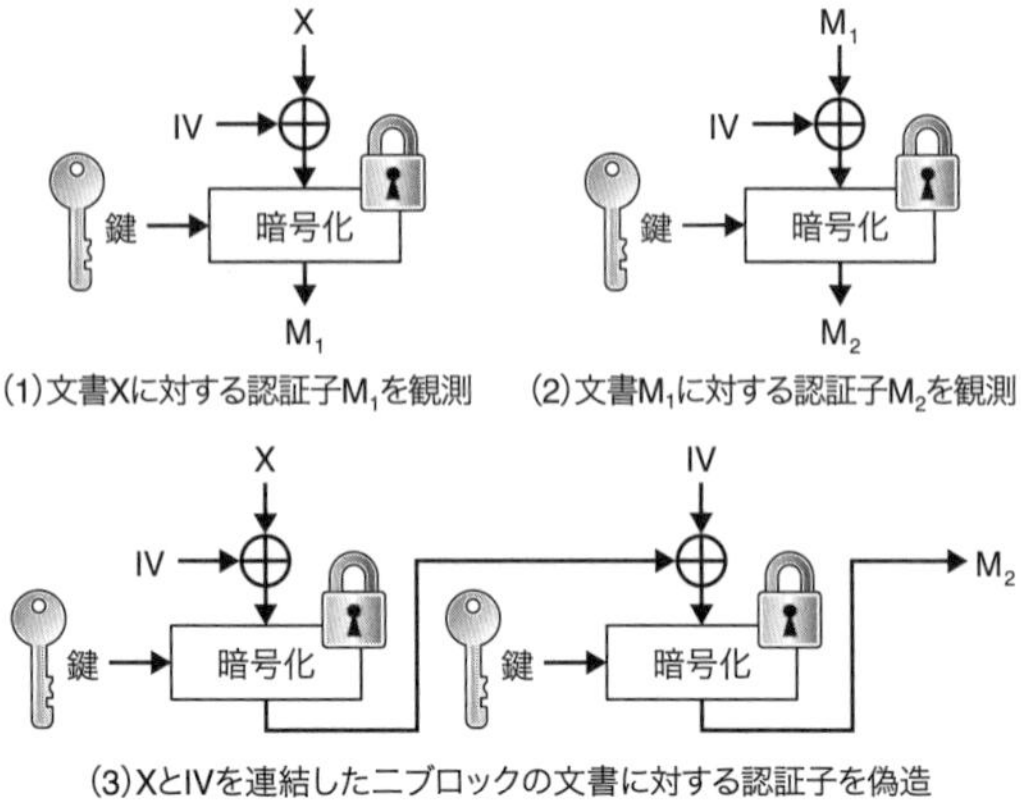

図3－5　メッセージ認証子CBC-MACの偽造

選択文書攻撃によるMAC偽造の成功例。秘密鍵を知らない攻撃者が、その秘密鍵を使って鍵付きメッセージ認証子を生成する装置に適当な文書を選んで入力し、その文書に対する認証子を出力させてその値を観測する。そのような予習を何度か（この図の例では二度）行ったあとに、攻撃者が、予習で使わなかった文書に対する正しい（検証に合格する）認証子を偽造する。

ることに着目し、暗号文系列の最終ブロックだけを認証子とする手法を考えてみましょう。そのような手法を、「CBC-MAC」と呼びます。

　残念ながら、ブロック数の異なる可変長の文書を扱う場合には、CBC-MACを偽造できることがあります。たとえば、図3-5は、CBC-MACに対する選択文書攻撃の例です。選択文書攻撃では、秘密鍵を知らない攻撃者が、その秘密鍵を使って鍵付きメッセージ認証子を生成する装置に適当な文書を選んで入力し、その文書に対する認証子を出力させてその値を観測できます。そのような予習を何度か行ったあとに、攻撃者が、予習で使わなかった文書に対する正しい（検証に合格する）認証子を偽造できれば、

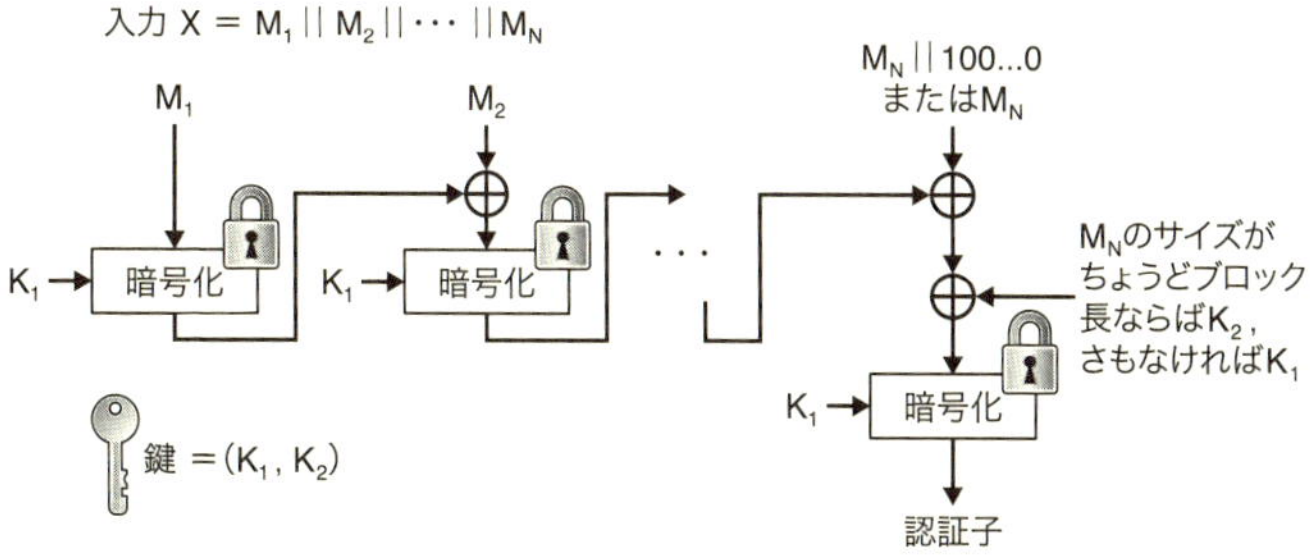

図3－6　共通鍵ブロック暗号を用いた鍵付きメッセージ認証子の例

選択文書攻撃による認証子偽造の成功です。

図3－5では、まず攻撃者は、一ブロックだけからなる文書Xを選び、Xに対する認証子M_1を観測します（図3－5(1)）。次に、今観測したM_1を文書として選び、それに対する認証子M_2を観測します（図3－5(2)）。すると、二回目に観測したM_2は、Xと初期ベクトルIVを連結した二ブロックからなる文書X‖IVに対する正しい認証子になっています。よって、攻撃者は、予習で使わなかったこの二ブロックの文書X‖IVに対する正しい認証子を、鍵を知らずとも、得ることができます（図3－5(3)）。つまり、偽造できたことになります。

可変長の文書に対する偽造攻撃への対策や、さまざまな効率の問題を考え、何段階もの改良を経ていくつかの証明可能安全な鍵付きメッセージ認証子方式が考えられました。その生成手順の一例を、図3－6に示します。秘密鍵は二つの要素K_1とK_2からなります。利用するブロック暗号としては鍵の長さとブロック長が等しいものを選び、K_1とK_2がともにブロック長に等しい長さだとします。まず、文書をブロック長ごとにセグメントに分割し、最後のセグメント（これを第Nセグメントとします）のサイズがブロック長に満たなければ100…0を連結してブロック長に合わせます。この連結作業を「パディング」と呼びます。次に、第一セグメントを鍵K_1で暗号化し、その出力を第二セグメントとビットごとの排他的論理和で足し合わせます。その結果をまた鍵K_1で暗号化し、その出力を第三セグメントとビットごとの排他的論理和で足し合わせます。最後のセグメントとのビットごとの排他的論理和を取るまで、同様の処理を繰り返します。ここで、もしパディングが行われていた場合にはK_1を、そうでなければK_2を、さらにビットごとの排他的論理和で足し合わせます。そして最後にまた再度鍵K_1で暗号化し、その出力を認証子とします。

ハッシュ関数の応用例

一方向性と衝突発見困難性を満たすハッシュ関数は、応用範囲の広い暗号技術です。身近な応用として、パスワードファイルにおける「ソルティング」があります。

パスワードでユーザを認証する場合、あらかじめ登録されたパスワードと今入力されたパスワードが一致するかどうかを照合して、認証に合格か不合格かを判定します。照合のためにシステム側が保存しておくファイルをパスワードファイルと呼ぶことにします。もし、登録済みのパスワードをそのままパスワードファイルに載せて保存してあれば、システムがコンピュータウイルスに感染してパスワードファイルが漏洩すると、パスワードそのものが攻撃者の手に入ってしまいます。

しかし、パスワードPのハッシュ値H(P)を載せて保存してあれば、照合の正確さは維持したままで、安全性は少し高まります。ユーザがパスワードを入力したとき、システムはそのハッシュ値を計算し、パスワードファイルに保存してある値と照合することで、認証の判定を正確にできます。ハッシュ関数Hが一方向性を満たしていれば、パスワードファイルが漏洩しても、H(P)からPを効率的に求めることはできないように思えます。同じく、衝突発見困難性を満たしていれば、H(P)＝H(P')を満たすPでないP'を効率的に求めることもできないように思えます。

こうして安全性が高まったように思えますが、パスワードファイルを入手した攻撃者はシステム側と同じ手順で認証の判定をすることができますので、もし同じ数字を並べたものや人名のように安易なパスワードを使っているユーザがいれば、簡単にシステムを破られてしまいます。安易なパスワードとそのハッシュ値のリスト（「レインボー・テーブル」と呼ばれます）を用意しておき、それをパスワードファイルに保存されているデータと照合すれば、そのシステムで使われているパスワードのうちで安易なものをあぶり出すことができるからです。そこで実際には、パスワードを秘密の乱数と連結してからハッシュ関数に入力して得た出力をパスワードファイルに保存し、秘密の乱数は別の所に保存するという方法など、さまざまな工夫を施した方法が使われます。このような安全性向上のための処理を施してからパスワードファイルを構成する方法を、「ソルティング」と呼びます。そして、連結する乱数を「ソルト」と呼びます。ソルティングをすれば、たとえ連結した秘密の乱数を攻撃者に知られてしまったとしても、レインボー・テーブルの再計算をさせて攻撃の手間を増やすことができます。攻撃を根本的に防ぐことはできなくても、攻撃のコストを高めることによって、実際の安全性は上がる場合が少なくありません。

なお、同じシステムのパスワードファイル作成で使うソルトは、ユーザごとに変えるべき、という注意事項があります。もし、全員に対して同じソルトを使っていると、有名人の名前やキー入力しやすいパターンなどの同じ「安易なパスワード」を使っているユーザに関しては、ソルティング後の値として同じ値がパスワードファイルに記録されます。すると、攻撃者は、それらのユーザが安易なパスワードを使っている、という情報を容易に得ることができます。サイバーセキュリティでは、不用意に攻撃者に情報を与えてはなりません。経験的に発見された対策の多くには、実装する際の注意事項があります。それらを周知徹底しなければ、せっかくの対策も台なしになりかねません。

公開鍵暗号

共通鍵暗号とは異なり、「公開鍵暗号」という種類の暗号では、暗号化鍵は受信者ではない、ほかのユーザら全員に公開され、復号鍵を正当な受信者だけが厳重に秘密鍵として保管します。

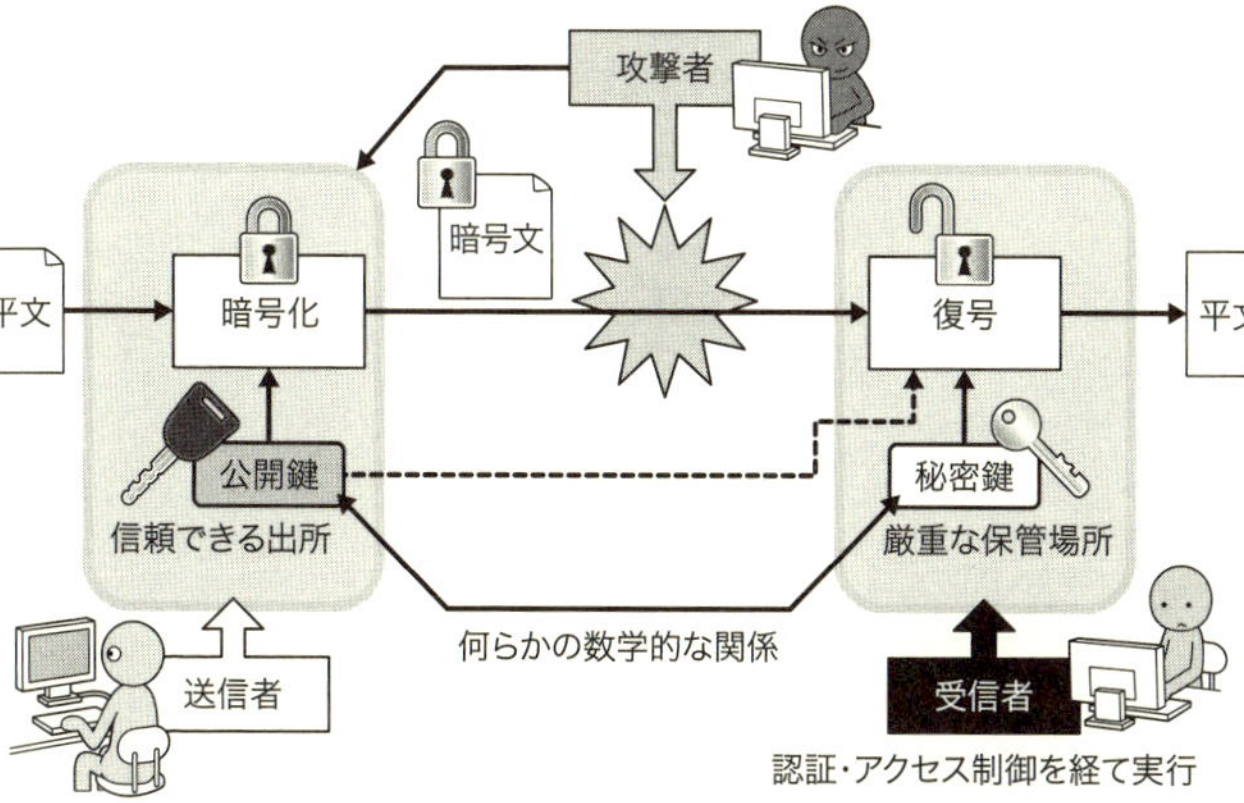

図3－7　公開鍵暗号による暗号通信
暗号化鍵は受信者以外のユーザを含む全員に公開され、復号鍵を正当な受信者だけが厳重に秘密鍵として保管する。暗号化鍵はこの受信者の公開鍵と呼ばれ、復号鍵（秘密鍵）と何らかの数学的な関係にあるが、公開鍵から秘密鍵を効率的に求めることはできない。

暗号化鍵はこの受信者の公開鍵と呼ばれ、復号鍵（秘密鍵）と何らかの数学的な関係にありますが、公開鍵から秘密鍵を効率的に求めることはできません（図3－7）。なお、受信者自身ももちろん自分の公開鍵を知っていますので、復号においては、秘密鍵だけでなく公開鍵も使って構いません。実際、多くの公開鍵暗号アルゴリズムにおいて、復号に秘密鍵だけでなく公開鍵の一部も用いられます。

　ユーザ数が増えると、共通鍵暗号では、システムに必要な鍵の個数が、おおむねユーザ数の二乗に比例して激増します。任意の二人組が秘密鍵を共有し、組ごとに異なる秘密鍵を使わねばならないからです。たとえば、ユーザが二人ならば鍵は一個で済みますが、四人ならば六個、八人ならば二八個、六四人ならば二〇一六個の鍵が必要です。一方、公開鍵暗号では、公開鍵と秘密鍵の組がユーザ数と同じ数だけあれば大丈夫です。これは、大規模なシステムやインフラでは、大きな利点となります。ただし、公開鍵が誰の公開鍵であるのかを信頼できる手段で確認できなければ、送信者は安心できません。また、実装にもよりますが、公開鍵暗号は共通鍵暗号よりも動作速度が桁違いに遅く、暗号文のサイズが平文のサイズよりもかなり大きくなるなどして通信コストもかさみます。そのため、それぞれの利点を活かして使い分けるのが一般的です。

電子署名

鍵付きメッセージ認証子の仕組みにおいて、共通の秘密鍵を送信者（認証子生成者）と受信者（認証子検証者）で事前に共有するのではなく、公開鍵暗号のように一方だけを公開するとどうなるでしょうか。認証子生成者だけが使う鍵をその生成者固有の秘密鍵とすることで、電子署名機能を実現できます（図3-8）。すなわち、その文書に対して他者でなくその認証子生成者が認証子を生成したこと（認証子すなわち電子署名が偽造されていないこと）、かつ、文書がそのあとで改ざんされていないことを、任意の第三者が検証できます。

電子署名生成者も公開鍵を知っていますので、電子署名生成アルゴリズムでは、秘密鍵だけでなく公開鍵も使って構いません。実際、多くの電子署名アルゴリズムにおいて、電子署名生成に秘密鍵だけでなく公開鍵の一部も用いられます。たいていの電子署名アルゴリズムでは、

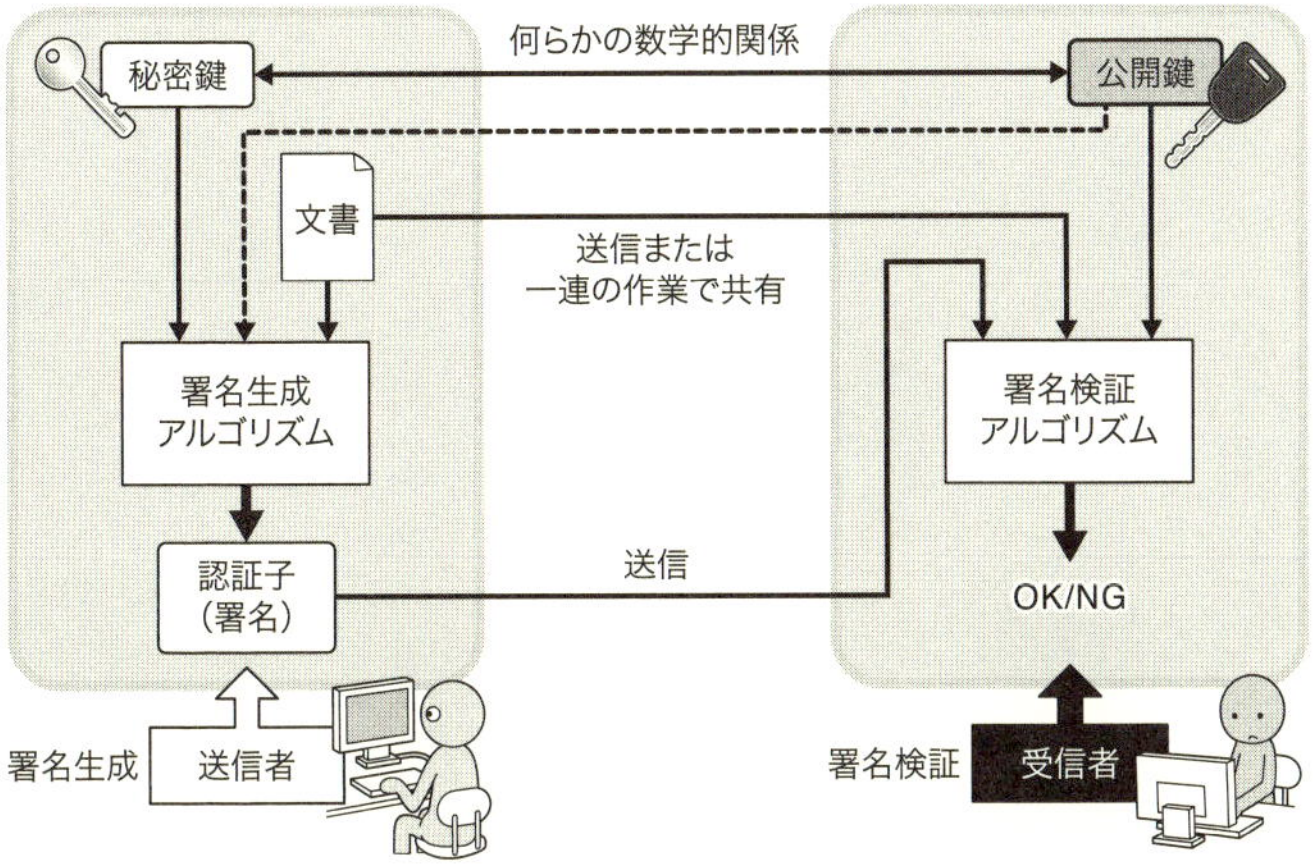

図3－8　公開鍵を利用した電子署名の仕組み

署名検証に用いる公開鍵は署名生成者以外のユーザを含む全員に公開され、署名生成に用いる秘密鍵を署名生成者だけが所有し厳重に保管する。公開鍵は秘密鍵と何らかの数学的な関係にあるが、公開鍵から秘密鍵を効率的に求めることはできない。

署名生成の際、文書をハッシュ関数に入力してハッシュ値を求めてから、そのハッシュ値を公開鍵暗号でよく見られるタイプの数学的な演算に使います。こうして任意長の文書に対する電子署名を生成できるようになります。ハッシュ関数に衝突困難性がなければ、同じハッシュ値にしたがって同じ認証子の値を出力する異なる文書の対を用意できてしまうため、電子署名が否認不可という性質を満たせなくなります。否認不可とは、電子署名生成者が、事後的に、「自分はこの文書に署名していない」と主張することができない、という性質です。たとえば、契約書に電子署名するシーンを思い浮かべれば、否認不可が重要な性質であることがわかります。

さて、この認証子（電子署名）が正当な

生成者にしか生成できないとすれば、電子署名検証者は鍵付きメッセージ認証子の場合のように認証子を自分で生成して照合することはできません。その代わり、文書と公開鍵と電子署名を入力して、OKまたはNGを出力してくれる電子署名検証アルゴリズムを実行します。OKとは、正常すなわち「その公開鍵に対応する秘密鍵の所有者が生成した電子署名であって、かつ、文書が改ざんされていないこと」を意味します。NGとは、異常すなわち「電子署名が偽造されたか、文書が改ざんされたか、または使用する鍵が誤っていること」を意味します。

公開鍵基盤

公開鍵暗号にせよ電子署名にせよ、公開鍵が誰の公開鍵であるのかを信頼できなければ、本来の機能を実現できません。たとえば、Aさんになりすまそうとした Bさんが、名刺にAさんの名前と自分の公開鍵を印刷してCさんに渡し、Cさんがそれを信じてその公開鍵を使って平文を暗号化してAさん宛てに送り出したとします。Aさんに届く前にBさんがそれを奪うと、Bさんは自分の秘密鍵で復号できます。よって、公開鍵認証局（CA）に公開鍵証明書を発行してもらうなどして、公開鍵が正しく有効であることを証明する必要があります。

ごく少数のCAだけでは管理できないほど多数の公開鍵がある大規模なシステムでは、多数のCAが階層的に公開鍵証明書を発行するという構造も考えられます（図3-9）。上位のCAが下位のCAの公開鍵の証明書を発行し、最下層のCAがユーザの公開鍵の証明書を発行し

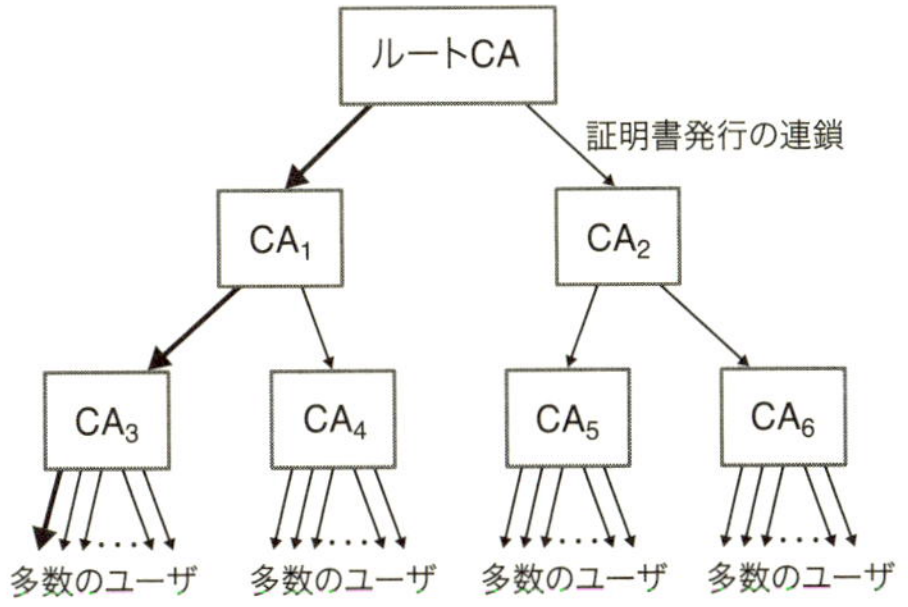

図3－9　階層的な公開鍵認証局

ルートCAがCA_1とCA_2の公開鍵証明書を発行し、CA_1がCA_3とCA_4の公開鍵証明書を発行する。最終的にユーザに至るまで、それぞれのCAが一つ下位の傘下のCAあるいはユーザの公開鍵証明書を発行する。

ます。すると、最上位のCAの公開鍵さえ信頼できる方法で入手してあれば、公開鍵証明書の連鎖を順次検証して辿ることによって、別のユーザの公開鍵証明書を検証することができます。

たとえば、一番左のユーザの公開鍵証明書を検証したいときには、一番左の太い矢印を順に辿ります。すなわち、最上位のCAの公開鍵でCA_1の公開鍵証明書を検証し、CA_1の公開鍵でCA_3の公開鍵証明書を検証し、CA_3の公開鍵でユーザの公開鍵証明書を検証します。最上位のCAが信頼の連鎖の源として機能するわけです。この最上位のCAを「ルートCA」と呼び、多数のCAが参加したシステム全体を「公開鍵基盤」などと呼びます。なお、ここでいう「ユーザ」とは、公開鍵証明書を発行してもらう人や組織などのことです。一般ユーザの場合もあれば、オンラインショッピングのサイト運営会社の場合もあるでしょう。

公開鍵基盤における大きな悩みは、公開鍵証明書の無効化です。無効化とは、有効期限を迎える前にその公開鍵証明書の発行を受ける資格を失った場合や、公開鍵に対応する秘密鍵が漏洩した場合などに、「もはやその公開鍵証明書は無効だ」と検証者に周知することです。典型的な方法は、無効になった公開鍵証明書のリスト（公開鍵失効リスト）を公開し、検証者が必要に応じて参照するという方法です。残念ながら、まったく遅延なく無効化を公開鍵失効リストに反映させることはできません。また、たとえば秘密鍵の漏洩に気付くのが遅れた場合、気付くまでの間は漏洩した秘密鍵を入手した攻撃者が多くの不正をはたらくことができます。

サイバーセキュリティにおける信頼の連鎖

公開鍵基盤における信頼の連鎖で重要なことは、単に一つ下位のCAの公開鍵が「確かにそのCAの公開鍵だ」と証明しているだけではなく、「確かにそのCAには下位を審査して適格に公開鍵証明書を発行する能力がある」という能力の信頼についても証明しているという点です。図3－9の太い矢印の例で、CA_3に審査能力がないにもかかわらず、CA_1がCA_3の審査能力をよく審査せずにCA_3の公開鍵証明書を発行したとします。すると、CA_3がフィッシング詐欺に加担している攻撃者に公開鍵証明書を発行してしまい、最終的には一般ユーザが騙されて詐欺の被害に遭うかもしれません。

一般に、サイバーセキュリティにおける信頼の連鎖では、単なる数字やＩＤ情報などの結び付きだけでなく、本来は、能力についても注意する必要があります。能力に関する審査の甘い典型的な例は、ユーザ認証です。パソコンなどの端末を立ち上げるときのパスワード認証に合格したユーザは、たとえ能力がなくても、新たなソフトウェアをインストールしたり、セキュリティソフトが何らかの警告を発して選択を求めてきたときの選択をしたりする権限を与えられる場合が多いでしょう。そのパソコンに保存されているファイルを電子メールに添付して送付したり、ファイルのパスワード保護を掛けたり外したり、電子メールソフトが何らかの警告を発して選択を求めてきたときの選択をしたりする権限を与えられる場合も多いでしょう。これらの操作と最初のユーザ認証のたった二段階からなる連鎖ですら、たいてい、能力に関する審査は十分に機能していないわけです。ましてや、より多段階の連鎖では、身分ではなく能力に関する審査の甘さが脅威につながりがちです。

二　システムセキュリティの基礎技術

認証とアクセス制御

信頼の連鎖に関する機能不全の原因は、多くの場合、認証とアクセス制御を一連のプロセスとして設計し評価する取り組みが手薄なことにあります。アクセス制御とは、狭い意味では、システム内の情報資産に対して誰がどんな権限でアクセスするのかを制御することです。電子

タロー	読込可, 変更可, 実行不可
はなこ	読込可, 変更可, 実行可
・・・	
ジョー	読込可, 変更不可, 実行不可

●ファイルAに付随させる制御情報

タロー	読込可, 変更不可, 実行不可
はなこ	読込可, 変更可, 実行不可
・・・	
ジョー	読込可, 変更不可, 実行不可

●ファイルBに付随させる制御情報

図３－10　アクセス制御リスト

ファイルにあらかじめユーザに対する閲覧権限や変更権限などを設定する「アクセス制御リスト」（図３－10）が代表的な方法です。たとえば、それぞれの主体がそのファイルを読み込めるか、変更できるか、実行できるか、といった制御情報のリストをそのファイルに付随させることによって、実現します。このように、暗号技術の枠内ではすべてを語れないサイバーセキュリティ技術を、ここでは「システムセキュリティ技術」と呼ぶことにします。

「今アクセスしてきた者が誰であるか」に関して認証の結果を信頼するとしても、アクセス制御が適切に連携して機能していなければ、「今アクセスしてきた者にいかなる行為を許すか」という観点での安全性は不十分なのです。さまざまなプロセスが加わって情報資産もアクセス権限も多様になった中で、利便性を重視したユーザブル・セキュリティをめざさざるをえないことが、この連携不徹底の問題の背景にあります。もはや、情報資産をデータファイルと実行ファイルに分類すればそれで済むという時代ではありません。今目の前にある情報資産は、パスワードファイルかもしれません。ホームページのデジタルコンテンツかもしれません。電子メールに添付されているファイルかもしれません。あるいは、オンラインショッピングの「買い物かご」情報かもしれません。今悩んでいる操作は、自動表示されたＩＤ候補の選択かもしれません。ダウンロードボタンのクリックかもしれません。警告画面から「はい」または「いいえ」を選択することかもしれません。あるいは、オンラインショッピングの決済処理かもしれません。

警告への選択判断のたびに熟練者を呼んでこなければ次に進めないとすると、どうなるでしょうか。ファイルをパソコンに保存しようとするたびに熟練者を呼ばねばならないとすると、どうなるでしょうか。ホームページでの作業や電子メールでの業務が頻繁に滞り、生産性が大幅に下がるでしょう。利便性を重視したユーザブル・セキュリティの方針は、ある程度やむをえないことなのです。

だからといって、安全の実現は無理だとあきらめる必要はありません。信頼の連鎖の問題は、ユーザを教育啓蒙した場合の効果が大きいことを示唆しています。そのための適切な着眼点を体系化すれば、インパクトが大きいことを示唆しています。また、ユーザの負担を軽減する技術として、次世代個人認証技術など、さまざまな技術が研究されています。総合的な取り組みを怠らないこと、そして、技術で解決できる部分を技術で解決すること、いずれも重要です。私たちの前には、十分な可能性があるのです。

ウェブブラウザの暗号通信モード

ホームページでパスワードを入力するときには、ウェブブラウザが暗号通信モードになっていなければなりません。インターネットでは、不特定多数の他人のネットワーク機器をバケツリレー式に経由してデータ通信が行われているからです。平文のままで送信されたパスワードは、経路上で簡単に盗聴されてしまいます。パスワードを入力する画面になる前に暗号通信モードへ切り替わるかどうかは、ウェブサーバ側が適切な設定になっているかどうかに依存します。ユーザは、パスワードを入力する画面で、ウェブブラウザ固有の表示方法に注意すれば切り替わりを目視で確認できます（たとえば、図3－11のようにURLの手前に表示されている印として鍵をかけたマークが現れるなど）。どこをクリックすれば切り替わるかなど、暗号通信モードになる条件は、通常、そのホームページを作成した人が設定しています。親切なホームページならば、どこをクリックすれば暗号通信モードになるかといった注釈を明示的に表示していることがあります。

暗号通信モードに切り替わったあとのセッション（一連の通信と処理）における暗号通信は、ふつう、鍵付きメッセージ認証子と共通鍵ブロック暗号を用いて行われます。そのための秘密鍵や初期ベクトルを共有する作業が、暗号通信モードに切り替わるときに実行されます。また、この共有作業は、ふつう、サーバ認証（ユーザ側のコンピュータが、そのウェブサイトの公開鍵を用いて、確かに意図したウェブサイトであると確認する作業）とともに行われ、一般には

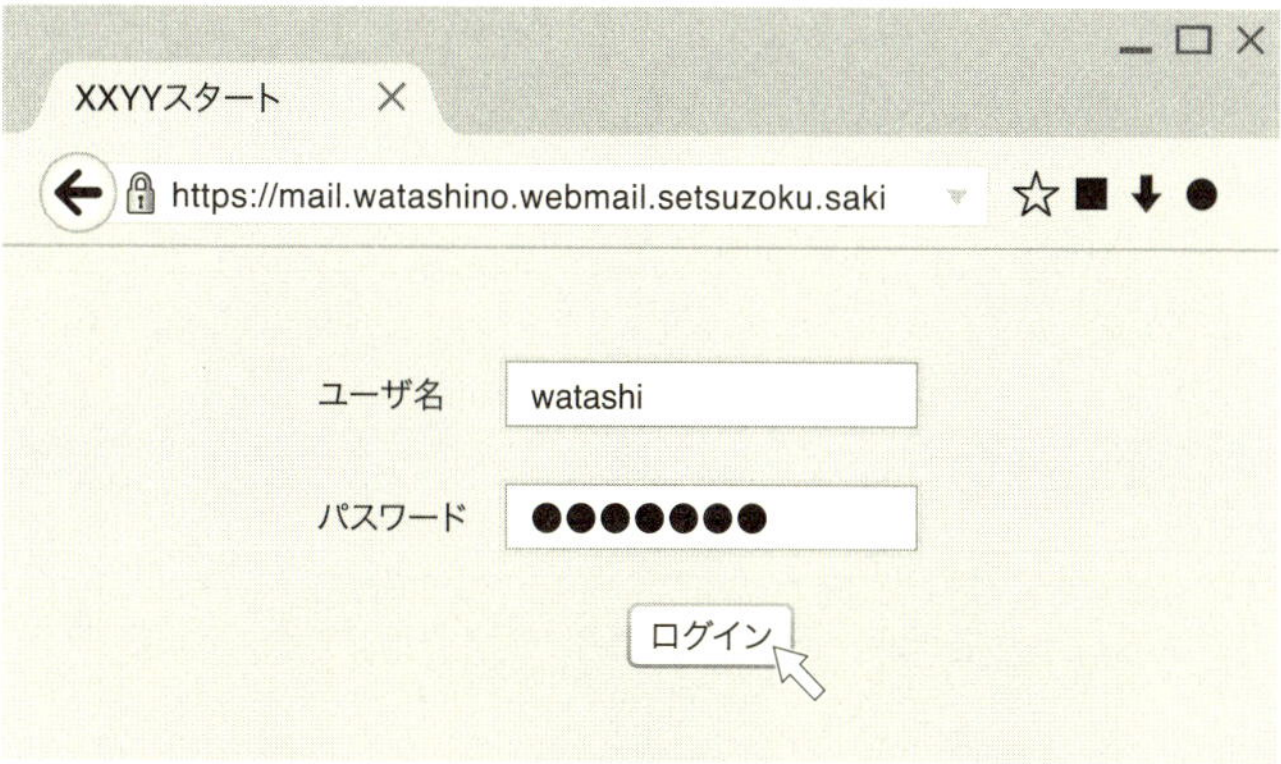

図3－11　暗号通信モードに切り替わったウェブブラウザ画面の例

「鍵共有プロトコル」などと呼ばれます。認証機能が備わっていることを明示するために、「認証付き鍵共有プロトコル」と呼ばれることもあります。

鍵共有プロトコルとして標準化されている方式はいくつかありますが、公開鍵暗号を用いたサーバ認証で暗号通信モードへ切り替える基本的な方式の概略は、次のような手順です。

- ウェブブラウザが、自分で今生成した乱数と、利用可能な暗号アルゴリズムのリストなどをウェブサーバへ送る。
- ウェブサーバは、受け取ったリストに含まれ自分も対応できるアルゴリズムのうちでもっとも望ましいものを自分のポリシーに基づいて選択する。
- ウェブサーバは、自分で今生成した別の乱数と先ほどの選択結果とともに、セッションID（今から始める一連の通信に付ける通し番号のような識別子）

および公開鍵証明書を添えた自分の公開鍵を、ウェブブラウザへ送る。
●ウェブブラウザは、すでに手元にあるCAの公開鍵でウェブサーバの公開鍵証明書を検証する。
●検証結果が合格ならば、ウェブブラウザはランダムに生成した鍵生成の種（PMS：Pre-Master Secret）をウェブサーバの公開鍵で暗号化したものをウェブサーバへ送る。
●ウェブサーバは、公開鍵暗号の秘密鍵で復号し、PMSを得る。
●ウェブブラウザもウェブサーバも、それぞれ、やり取りした乱数とPMS、および、今生成するパラメータが何なのか（たとえば「ウェブサーバからウェブブラウザへ共通鍵暗号による暗号化データを送るときの秘密鍵」など）を示す識別子などをハッシュ関数に入力して、今から始まる共通鍵暗号通信用の秘密鍵（「セッション鍵」と呼ばれます）、初期ベクトル、およびMAC鍵を生成する。ウェブサーバからウェブブラウザへの通信とウェブブラウザからウェブサーバへの通信があり、それぞれの通信にセッション鍵と初期ベクトルとMAC鍵の三つがあるので、全部で六個のパラメータが生成される。
●ウェブブラウザとウェブサーバが、相互に確認メッセージを送り合い、それら六個のパラメータの利用開始を宣言する。

こうして共有された六個のパラメータを用いて、共通鍵暗号と鍵付きメッセージ認証子による安全な通信を始めるわけです。ただし、これらのやり取りとその後のセッションを通信経路上で傍受してすべて記録していた攻撃者が、後日になって何らかの方法でウェブサーバの公開鍵暗号の秘密鍵を入手すると、PMSがわかり、PMSからセッション鍵もわかるので、記録してあった暗号文を復号できてしまいます。このように、秘密鍵が漏洩した場合に過去に遡って被害が出る場合、「(その秘密鍵に関する)フォワード・セキュリティがない」といいます。ホームページへアクセスする暗号通信モードへ移行するプロトコルでは、ディフィ・ヘルマン鍵共有プロトコルという技術に改良を加えて、ある程度のフォワード・セキュリティを達成する方式が考えられています。

ウェブセキュリティとプログラミング

無事に暗号通信モードに切り替わったら、ウェブブラウザでIDとパスワードを入力する認証は安泰でしょうか。残念ながら、必ずしもそうではありません。なぜならば、ウェブブラウザで入力された情報が、データとしてではなく、ウェブサーバの動作を決める言語で攻撃者に好都合な命令実行条件として解釈されてしまう場合があるからです。これは、「インジェクション(注入)型の攻撃」というもので、具体的には「SQLインジェクション攻撃」などが大きな問題となったことがあります。

図3-12のように、ウェブブラウザに入力が二箇所あり、最初の「ユーザ名(ID)」として

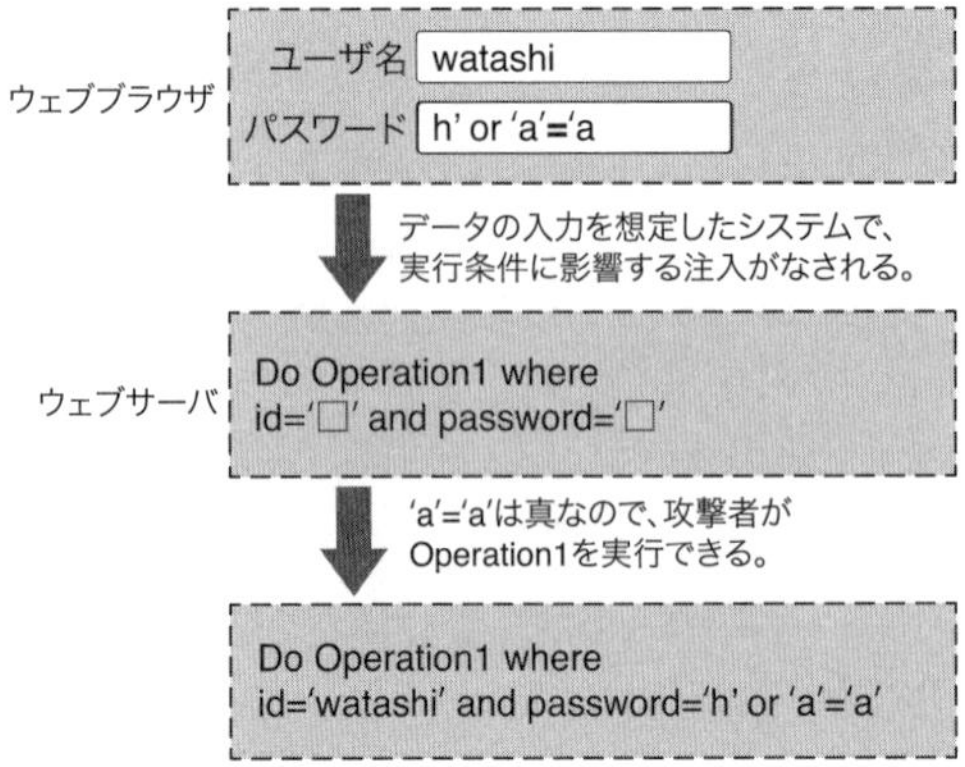

図3－12　インジェクション型の攻撃

の入力」がウェブサーバの動作を決める言語のプログラムで第一の空欄に注入され、二番目の「パスワードとしての入力」が第二の空欄に注入されるとします。どちらの空欄も、真偽判定によってある命令の実行を決める条件を構成するためのものであって、今注入された文字が判定結果を必ず真にしてしまうものならば、攻撃者がその命令を不正に実行できます。

このような脆弱性は、ウェブアプリケーションのプログラミングを注意深く行うことによってある程度防げますが、すべての職業プログラマ、ましてや自作を試みる一般ユーザにまで徹底させることは困難です。プログラム作成支援ツールを脆弱性防止に対応させ、その支援ツールの普及策とメインテナンスを工夫したり、実行時の入力チェックを厳しくしたりするなどの対策がありますが、完璧ではありません。攻撃者は、過去の成功例のマイナーチェンジ（亜種）も含めて、次々と新たな注入戦略を考案してきます。その都度対策を考案し遅滞なく瞬時に世界中に普及させない限り、多数のウェブサーバをスキャンして一つでも採用に遅れをとっているサーバがあればそこを破る、という攻撃者は、どこかで攻撃に成功することになります。

ファイアーウォールからマルウェア対策まで

進化する攻撃との攻防が繰り返される状況は、ウェブセキュリティ以外にも多くのサイバーセキュリティ技術で見受けられます。たとえば、内部のネットワークやコンピュータと外部のネットワークとの境界で内外を行き来する通信を監視し、通すか通さないかを判断するフィルタとして機能したり、通す際に何らかの処理を伴わせて通したりするネットワーク機器やソフトウェアを、「ファイアーウォール」と呼びます。フィルタ機能の基本的な仕組みでは、行き来するパケット（分割して送受信されるインターネットの通信の単位となる小包のようなもの）のヘッダをチェックします。

ヘッダには、小包に宛先の住所氏名や発送元の住所氏名が記されるのと同様に、宛先アドレスと送信元アドレスが含まれます。これらのアドレスは、「インターネット・プロトコル（ＩＰ：Internet Protocol）」で使われるＩＰアドレスであり、宛先や送信元が世界で唯一にわかるよう管理されています（以降では、とくに明示する必要がない限り、単にアドレスと記します）。

さらに、ヘッダには、宛先でどのサービスに回してほしいかを規定する「ポート番号」という識別子も含まれます。同じく、送信元のポート番号も含まれます。適切なポート番号を記すことによって、受信者は、そのパケットをウェブサーバのプロセスに渡す、などの判断をすることができます。

アドレスやポート番号は、フィルタ機能を実現するうえで重要な判断材料を与えてくれます。たとえば、内部から届いたパケットの送信元アドレス欄に内部ではないアドレスが記されていたら、内部のパソコンがコンピュータウイルスに感染しアドレスを詐称（スプーフィング）して不正なパケットを送信しようとしている恐れがあります。よって、ブラックリストの考え方により、フィルタの動作設定には「内部とのインターフェースから入ってきたパケットで、送信元アドレス欄に内部ではないアドレスが記されていたら、ポート番号などほかの欄に何が記されているかにかかわらず、そのパケットを捨てる（棄却する）」というルールを加えます。また、外部のホームページ閲覧を認めるというポリシーを持っているならば、ホワイトリストの考え方により、「内部とのインターフェースから入ってきたパケットで、送信元アドレス欄に内部のアドレスが記され、宛先アドレス欄に内部ではないアドレスが記されかつ宛先ポート番号がウェブサービスを示していたら、ほかの欄に何が記されているかにかかわらず、そのパケットを通す」というルールを加えます。ルールを並べる順番次第では、条件判断を簡略化できる場合もあります。

アドレスやポート番号によるフィルタのルールは、攻撃者の泣き所と深く関連します。たとえば、事後的に追跡されたくなければ、送信元アドレス欄には嘘を書きスプーフィングするでしょう。逆に、何度かやり取りを繰り返さなければ成立しない攻撃を仕掛ける場合には、送信元アドレスを正しく書かなければ標的からのレスポンスが戻ってこなくなり、攻撃を先へ進められないでしょう。ウェブサービスなど特定のアプリケーションを攻撃したければ、それを正しく示す宛先ポート番号を記さなければならないでしょう。フィルタのルールがそれらを参照する場合、攻撃者としてはそのルールによる棄却から逃れると攻撃が先へ進められない、などのジレンマに陥ります。アドレスなどの身元特定に関係する情報やポート番号などの標的特定に関係する情報に着目するフィルタの強みです。

フィルタ機能には、限界もあります。次から次へと新しい攻撃パターンが生み出されている状況では、ブラックリストやホワイトリストも常に更新する素早く正確なメインテナンスが求められます。よって、対応が実時間では追いつきません。宿命的に攻撃者とのイタチごっこが続きます。また、ついには設定が複雑になり過ぎて、人が理解できなくなったり、設定ミスが頻発したりすることがあります。マルウェア対策として、受信したファイルに既知のマルウェアパターンが含まれるかどうかを検査する仕組みにも、同様の悩みがあります。

能動的な防御

サイバーセキュリティ技術には、何らかの検査をして可否を判断する受動的な技術だけでなく、積極的に情報を変更するなどして攻撃を妨げる能動的な技術もあります。たとえば、内部と外部の境界に設置されたファイアーウォールに、ネットワークアドレス変換（NAT：Network Address Translation）機能を付けることができます。

ファイアーウォールは、外部の計算機が内部の計算機に何かを送るときに宛先アドレス欄へ記してもらうIPアドレス（グローバル・アドレス）の範囲を知っています。内部の計算機のそれぞれに別々のグローバル・アドレスを割り当てれば、外向きの通信も内向きの通信も、パケットのアドレス欄に変更を加えることなく、円滑に行えるでしょう。

しかし、お城の内部を敵に知られないほうが安全であるように、サイバーセキュリティでも内部のアドレス割当を隠したほうが安全性は高まります。また、割当を固定せず随時変更すれば、同じ計算機が攻撃され続けることを防ぎやすいでしょう。NAT機能を持つファイアーウォールは、内部の計算機に内部独自のアドレスをローカル・アドレスとして割当てます。内部から外部へパケットが送信されるときには、送信元アドレス欄に書かれているローカル・アドレスを、現在利用可能なグローバル・アドレスにファイアーウォールが変換します。ファイアーウォールは、この変換対応表として最新のものを常にメインテナンスして保持します。外部から内部へパケットが送信されてくるときには、宛先アドレス欄に書かれているグローバル・アドレスを、変換対応表に基づいて適切なローカル・アドレスに変換します（図3-13）。

アドレスだけでなくポート番号とペアで変換するなど、NAT機能にはさまざまな発展版を

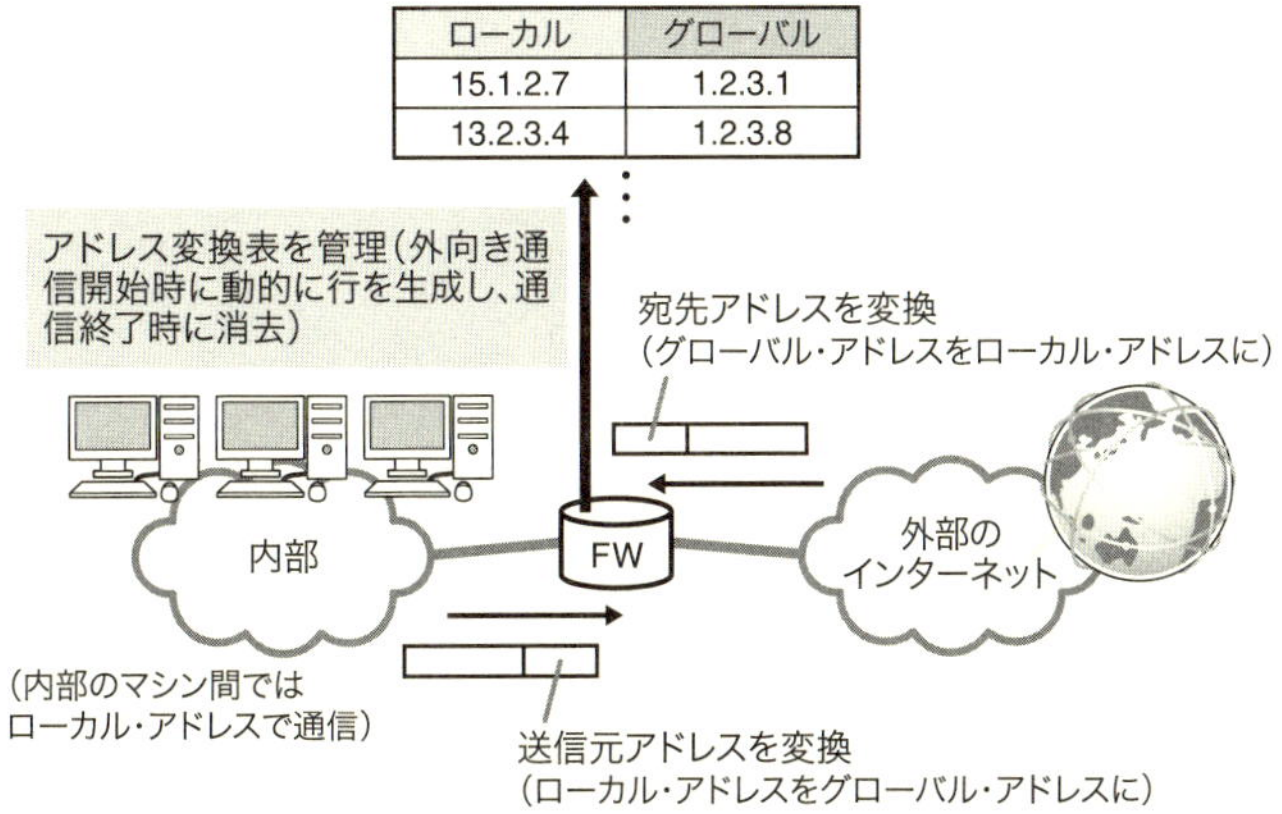

図３－13　ネットワークアドレス変換

考えることができます。たとえば、ポート番号八〇番でグローバル・アドレス1.2.3.2を使う通信をローカル・アドレス13.2.3.5の計算機に割当て、ポート番号二五番でグローバル・アドレス1.2.3.2を使う通信をローカル・アドレス13.2.3.6の計算機に割当てると、一つのグローバル・アドレスで複数の計算機の通信を同時に処理できます。ファイアーウォールの負担は増しますが、限られた資源であるグローバル・アドレスを効率的に使用できます。

仮想専用ネットワーク

ある企業が、本社と、いくつかの支社をもっているとします。本社の計算機と支社の計算機を専用回線では結ばずインターネットで通信する場合でも、ファイアーウォールに仮想専用ネットワーク（ＶＰＮ：Virtual Private Network）機能をもたせれば、あたかも外部から隔離された構内ネットワークであるかのようにして通信することができます。同じ企業ですから、ファイアーウォールにあらかじめ適切な鍵を配布し、必要に応じて認証付き鍵共有プロトコルを経て、相互に暗号通信をできるわけです。

VPN機能をもつファイアーウォールが、内部から外部を経て支社内へ向けてパケットを送信する際に、暗号化したりメッセージ認証子を添えたりしてVPNの通信フォーマットに整える作業を、「カプセル化」と呼びます。カプセル化に際して、データだけでなくローカル・アドレスを含むヘッダも暗号化すれば、外部の第三者に漏らすことなく支社のファイアーウォールにNATのアドレス変換対応情報を知らせることができます。

ネットワーク機器の機能と暗号技術を併用すれば、安全にかかわる多くのサービスを実現できます。

第4章

どうすれば安心できるか

人は、たいてい、安全でなければ安心できません。安全はおおむね客観的な概念ですが、安心は主観的な概念です。サイバーセキュリティでシステムとしての安全が難しいとすると、安心はもっと難しいかもしれません。それでも私たちは、生活のＩＣＴ依存度が高まる中で、何とか暮らしています。一体、どのように取り組んでいるのでしょうか。また、取り組んでいくべきなのでしょうか。

一　安心とプライバシー

サービス向上のための大規模データと匿名化

ＩＣカードで乗車する交通機関や電子マネーなど、ユーザのサービス利用に関するデータをシステムが逐一把握可能なシステムでは、プライバシーの問題がよく議論されます。それぞれの会員資格に基づいたサイバー空間でのサービスが増え、実空間でもサイバー空間でも連携ネットワークが広がっていますので、データはどんどん大規模になります。サービス向上のために事業者がそれらのデータを分析して利用しようとすると、「他人に行動を把握されると精神的に苦痛である」という異論が出ることがあります。ここでは、利用が是か非かという議論はせず、匿名化の議論を題材として、サイバーセキュリティの観点で問題の特徴を考えましょう。

科学の世界で従来、「ビッグデータ」と呼ばれてきた概念とは必ずしも一致しませんが、事業者やその集合体が持つ大規模データの匿名化を議論するとき、「ビッグデータの匿名化」などのコンセプトのもとでさまざまな意見が出されます。そもそも、利用価値を損なわずに、大規模データの匿名化はできるのでしょうか。

データからＩＤを削除すればよいという意見、ＩＤを削除しても、人にはそれぞれ傾向があるので、一定の条件が揃えば個人を特定できるという意見、さらに高度な匿名化技術を持ち出した専門的な意見など、さまざまな意見があります。これらの意見を踏まえて、解を見つけるべく議論する際に、プライバシーではセキュリティと本質的に異なる点があります。それは、「厳格さの違い」と「主観的要素の大きさ」です。

たとえば、電子署名技術による認証で個人を特定する場合には、きわめて厳格に特定できます。そして、きわめて厳格に特定できなければ、特定できたとは見なしません。きわめて厳格とは、電子署名を偽造して特定を誤らせるためには、世界中の計算機を一〇〇〇年動かすほどのコストをかけて偽造しなければならない、などといった厳格さです。少なくとも、人間だけで判断が揺らぐレベルではありません。一方、多様な属性情報や行動パターンなどから個人を特定する場合には、あまり厳格に特定できません。友人の行動パターンを模倣したり、普段の自分と異なる行動パターンに変えたりすることは、それを最優先にすれば意外と簡単にできるものです。ですから、かりに「これがあなたでしょう」といわれても、「違います」と反論する余地は十分にあります。人間だけで判断が揺らぐレベルなのです。

どうやら、セキュリティの立場でプライバシーを考えると、議論が嚙《か》み合わないようです。プライバシーの分野では、たとえ判断が揺らいでも、「まったく参考にならないわけではない」だけで問題になりうるからです。大規模データの問題において、ユーザとしてデータを取られる側は、「ひょっとすると自分の行動を追跡されているのではないか」と不安になるだけで、プライバシーの侵害と感じることがあります。データを取った事業者が「このユーザがこれらの行動を取ったことは一〇〇パーセント確かだ」と立証できなくても、「このユーザがこれらの行動を取った可能性が高いのではないか」と推察できるだけで、データを取られたユーザは「プライバシーの観点で不愉快だ」と思うかもしれません。

セキュリティは安全を扱う分野であり、プライバシーは安心を扱う分野だともいえるでしょう。

セキュリティとプライバシーのトレードオフ

プライバシーの問題があるからといって、ユーザがサービスを利用するときの記録をまったく残さないことにしたらどうなるでしょうか。何か不正が起きたときに、追跡や調査をすることが難しくなるでしょう。また、追跡や調査が難しいことを幸いと考えた犯罪者が、不正を試みるインセンティブを高めることにもなりかねません。まったく残さないというのは極端な例ですが、多くの場合、セキュリティとプライバシーの間にはトレードオフがあります。

とくに、サイバー空間では、実空間とは違って「何も工夫しなくても自動的に痕跡が残る」要素がきわめて少ないため、セキュリティとプライバシーのトレードオフをよく考えて、しかるべき記録を残し管理する技術と制度を整備しなければなりません。たとえば、実店舗でショッピングをする場合には、店員が利用者と相対することでさまざまな記憶が残るでしょう。物理的な痕跡も多数残るでしょう。一方、オンラインショッピングでは、それらの記憶や痕跡に相当する証拠は、自明ではありません。電子的な証拠やその扱いなどを丁寧に議論する分野として、「デジタル・フォレンジック」という独立した分野があるほど、困難で奥の深い問題です。

私たちは、セキュリティとプライバシーのトレードオフをくわしく研究することによって、安心を実現する方向へ進んでいます。

デジタル・フォレンジック

たとえ事後的にでも相当程度インシデントの原因を究明できる可能性があれば、まったく手がかりを期待できない状態でサイバー空間を利用する場合と比べて、安心感は増すでしょう。デジタル・フォレンジックは、その鍵となる技術であり仕組みです。そこでは、手続きの正当性、解析の正確性、そして第三者検証可能性が求められます。

手続きの正当性とは、法的にも証拠品管理の面でも客観的に正当と認められる手続きにのっとって電磁的記録を含む電子機器と媒体を取り扱うことです。証拠となる電磁的記録は、原則としてその証拠を確保した当初の記録内容が保たれたままで保管し取り扱われなければなりません。「原則として」という注釈が付される理由は、たとえば鑑定目的で当該の電子機器を起動しなければならない（それ以外に鑑定を実施する選択肢がない）場合には、起動すれば必ず生じる記録内容の変更（たとえば、その電子機器の動作記録に、鑑定作業のために起動した記録が追記されるなど）があっても手続きの正当性は認められるからです。

解析の正確性とは、論理的にも技術的にも正しいと認められる手法で電磁的記録の解析と認識を行うことです。電磁的記録の内容を確認するとき、その電磁的記録だけに基づいて、本来の意味するところを一切変えることなく人の感覚で認識できるような状態にする（通常は、可視化あるいは可読化する）ことが求められます。サイバー空間から実空間への橋渡しをする際に、証拠が一切変わらないようにするということです。「変わらない」とは、人の認識に至るまで変わらないというレベルの大変厳密な意味での正確性です。

第三者検証可能性とは、「電磁的記録の解析に従事した者と異なる者が、正当と認められる手続きと正確と認められる解析手法でその対象の電磁的記録を解析した場合に、人の認識に至るまで同一と認められる解析結果を再現できること」を意味します。つまり、デジタル・フォレンジックに基づいた捜査には、科学的であることも強く求められます。

デジタルデータの長所と短所

デジタルデータには、その完全なコピーを残すことができるという長所があります。重さ二〇〇グラム以上の大きな石で信号0を表し、重さ四〇グラム以下の小さな石で信号1を表すとします。必要なビット数と同じ個数の石を並べて、デジタルデータを記録する場合、四個並べるならば、大大大大から小小小小までの数を表現できます。四つの石は、それぞれ、二の〇乗の桁、二の一乗の桁、二の二乗の桁、二の三乗の桁を表します。大大大大は〇《ゼロ》です。小小小小は、二の〇《ゼロ》乗（＝一）と、二の一乗（＝二）と、二の二乗（＝四）と、二の三乗（＝八）を足し合わせた一五です。〇《ゼロ》センチメートルから一センチメートルまでを、一五分の一センチメートル刻みで表現できます。小大大小すなわち二の一乗（＝二）と二の二乗（＝四）を足した六に、一五分の一センチメートルつまり〇・〇六七センチメートルをかけた長さ〇・四センチメートルという記録は、今後多少石が傷んでも〇・四センチメートルのままでしょう。しかし、長さ一センチメートルの紙テープを〇・四センチメートルに切って〇・四センチメートルを記録した場合、少し紙が傷んで〇・〇六七センチメートル以上のズレが生じる恐れは十分あります。デジタルデータは、必要なビット数を記録する領域（石の例では、石を置くスペース）さえ確保できれば、アナログデータとは違って寸分違わず正確に記録を残すことができます。

サイバーセキュリティでは、一般に「ログ」と呼ばれるデジタルの記録が、デジタル・フォレンジックに有用です。システムログ（ログイン管理などの記録）、ファイアーウォールログ（ファイアーウォールの動作記録）、アプリケーションサーバログ（たとえばウェブサーバの動作記録）などがあり、インシデントが起きたあとで原因究明などに役立ちます。事後的に原因究明などに役立つという意味で、飛行機のフライトレコーダと似ています。何しろ正確性が格段に高いのです。しかし、この正確性には問題もあります。自然劣化が事実上ないので、そのデータがどの程度古いのか（あるいは新しいのか）、データそのままではわかりません。たとえ日付や時刻が載っていても、誰かが事後的に嘘を書いたのかもしれません。証拠性の観点では、デジタルデータの短所ともいえます。

その文書がどの程度古いのかを証明するデジタル技術に、「電子時刻印」というものがあります。簡単な構成方法では、電子署名を利用します。あるユーザから、ある文書に電子時刻印を押してほしいという要求が届いたとします。電子時刻印発行業者は、そのデータに時刻情報などを連結し、フォーマットを整えたうえで、全体に電子署名をします。すると、公開鍵でその電子署名を検証できる第三者は、その文書が確かに電子時刻印の示す時刻にはすでに存在し、それ以来改ざんが加えられていないということを、確かめられます。つまり、暗号技術を利用すれば「そのデータが十分古い」ということを証明し検証することができます。しかし、逆に「そのデータが十分新しいこと（たとえば、具体的なある日付のある時刻には、まだそのデータはこの世に存在していなかった、ということ)」を証明するのは、大変困難です。

安心と粘り強さ

インシデントが報道されたときに、「しかし、漏洩した個人情報を含むファイルの悪用は確認されていません」という注釈が添えられていることがあります。言い換えれば、ヒヤリとしたけれどもそれだけで済んだかもしれない、ということです。漏洩したファイルが暗号化されていて、攻撃者がそれを復号できなかったのかもしれません。腕試しの攻撃者がファイルの搾取で満足して、それ以上は何もしなかったのかもしれません。前者の場合、認証とアクセス制御は破られたけれども二重三重の防御として暗号化していたことが効果的であったわけです。

このように、破られても粘り強く耐える性質のことを、「レジリエンス」と呼ぶ場合があります。「耐える」とは、必ずしも完全に何も被害を受けないことを意味するわけではありません。たとえば、秘密鍵が漏洩しても過去に暗号通信した内容に遡って被害が出るわけではない、という「フォワード・セキュリティ」もレジリエンスの一種です。ホームページの改ざんや破壊行為に襲われた場合に、バックアップをとってあれば、復旧が容易かもしれません。これもレジリエンスです。

ユーザが自助努力でレジリエンスを達成するために効果的なことは、基本の徹底です。十分な頻度でデータのバックアップをとることや、重要なファイルにパスワード保護を付けるという一手間を惜しまないことも、基本です。そうしてさまざまな観点でのレジリエンスが高まれば、より安心して過ごせるでしょう。必ずしも高度な技術ではない地道な心がけが、安心をもたらすうえできわめて重要です。

二　正当な利用か悪用か

匿名通信システムに潜むトレードオフ

セキュリティとプライバシーのトレードオフは、技術の利用目的とも関係があります。たとえば、通信の内容（データ）ではなく、送信元アドレスや宛先アドレスを多重に暗号化して、誰がどのウェブサイトへアクセスしているかを隠す匿名通信システムがあります。現在もっともポピュラーなトア（Ｔｏｒ：The Onion Routing）というシステムでは、その技術仕様は公開されており、トアを利用する機能を組み込んだ専用のウェブブラウザとして入手できるため、導入も容易です。サイバー空間における代表的なプライバシー保護技術であり、善意の通報に利用された例や、諸外国で民主化に利用された例も知られています。一方で、サイバー空間における犯罪行為や不適切な行為を試みる者が、手軽に追跡を逃れる目的で利用した例も知られています。技術には正当な利用も悪用もありえるという観点でも、セキュリティとプライバシーの間にトレードオフがあります。

ただし、このトレードオフに対処する手段を客観的に議論できるほどには、科学的な研究も実務経験もまだ成熟していません。

たとえば、犯罪に悪用された場合、捜査に支障が出るなどの理由で匿名通信システムに一定の規制を検討する意見もある一方で、言論の自由や通信の自由などの観点から規制に反対する意見もあります。しかし、捜査にどの程度支障が出るかを考察するために欠かせない匿名通信システムの解析技術に関する研究は、まだ発展途上です。つまり、規制の必要性が十分にはわかっていません。さらに、規制の有効性も十分にはわかっていません。かりに国内で規制したとしても、海外を経由して追跡を回避することができるからです。たとえば、海外に設置された計算機をレンタルして利用する契約を結び、その計算機にトアのブラウザをインストールしておきます。そして、日本からその計算機に遠隔でログインし、トアのブラウザを立ち上げて匿名通信を行うわけです。

必要性に関しても有効性に関しても研究を進めなければ、基本的な自由を制限するか否かというレベルの国民的議論に持ち込むことは難しいでしょう。

オニオン・ルータとの鍵共有

トアでアドレスが多重暗号化されたパケットは、「オニオン・ルータ」と呼ばれる中継者を複数（通常は三つ）経由して、ユーザとウェブサーバの間を行き来します。オニオン・ルータは、匿名通信システムの協力者であって、おおむね誰でも希望すればなることができます。システム側はそのリストを把握しており、専用ブラウザはそのリストを参照してオニオン・ルータとの認証付き鍵共有プロトコルを利用できるように設定されています。

専用ブラウザを立ち上げてトアによるアクセスを始めるとき、まず三つのオニオン・ルータが任意に選択され、専用ブラウザとの間で認証付き鍵共有プロトコルが実行されます。ここでいう認証は、オニオン・ルータをサーバとしたサーバ認証です。選択されたオニオン・ルータを甲、乙、丙とします。トアのクライアント（ユーザの専用ブラウザ）Cは甲との間で認証付き鍵共有プロトコルを実行し、甲とのセッション鍵（甲鍵）を共有します。ここで、セッション鍵とは、共通鍵暗号の秘密鍵だけでなく、初期ベクトルも含むパラメータの集合です。

次に、Cは甲を経由して乙との間で認証付き鍵共有プロトコルを実行し、乙とのセッション鍵（乙鍵）を共有します。この実行において、Cと甲との間を通るときには、甲鍵による暗号化がなされます。Cと甲の間では、乙のアドレスは暗号化の内側にあり、外側に書かれているアドレスを見てもCと甲のやり取りであるということしかわかりません。Cと甲の間の経路上の第三者は、「乙と認証付き鍵共有プロトコルを実行していること」を知ることができないのです。

最後に、Cは甲と乙を経由して丙との間で認証付き鍵共有プロトコルを実行し、丙とのセッション鍵（丙鍵）を共有します。この実行において、Cと乙との間は乙鍵で暗号化され、そのうちCと甲の間ではさらに甲鍵でも暗号化されます。匿名通信をめざす以上は鍵共有のプロセス自体でも匿名性確保に留意する、という設計です。

オニオン・ルーティングによるサーバへのアクセス

三つのオニオン・ルータとの鍵共有を済ませたクライアントCが、あるウェブサーバSへトアでアクセスする場合を考えましょう。「宛先はS」というヘッダ情報は、丙鍵で暗号化されます。その暗号文に、「宛先は丙」という一つ外側のヘッダ情報などが添えられてから、乙鍵で暗号化されます。さらに、この暗号文に、「宛先は乙」という一つ外側のヘッダ情報などが添えられてから、甲鍵で暗号化されます。

こうして宛先アドレスが三重に暗号化されたうえで、最後に「送信元はCで宛先は甲」というヘッダ情報などが添えられて、Cからトアのパケットが送信されます（図4-1）。Cから甲への経路では、不特定多数のネットワーク機器を経由するかもしれませんが、甲より先の宛先は暗号化で秘匿されています。よって、Cから甲への経路途中で転送に関わったネットワーク機器には、甲より先の経路情報（このあとで乙、丙、Sをめざすという情報）はわからず、単にCが甲へ送信しているようにしか見えません。トアのパケットを受け取った甲は、甲鍵で復号し、次の宛先が乙であることを知ることができます。しかし、甲は乙鍵を持っていないので、さらにその次の宛先が丙であることはわかりません。

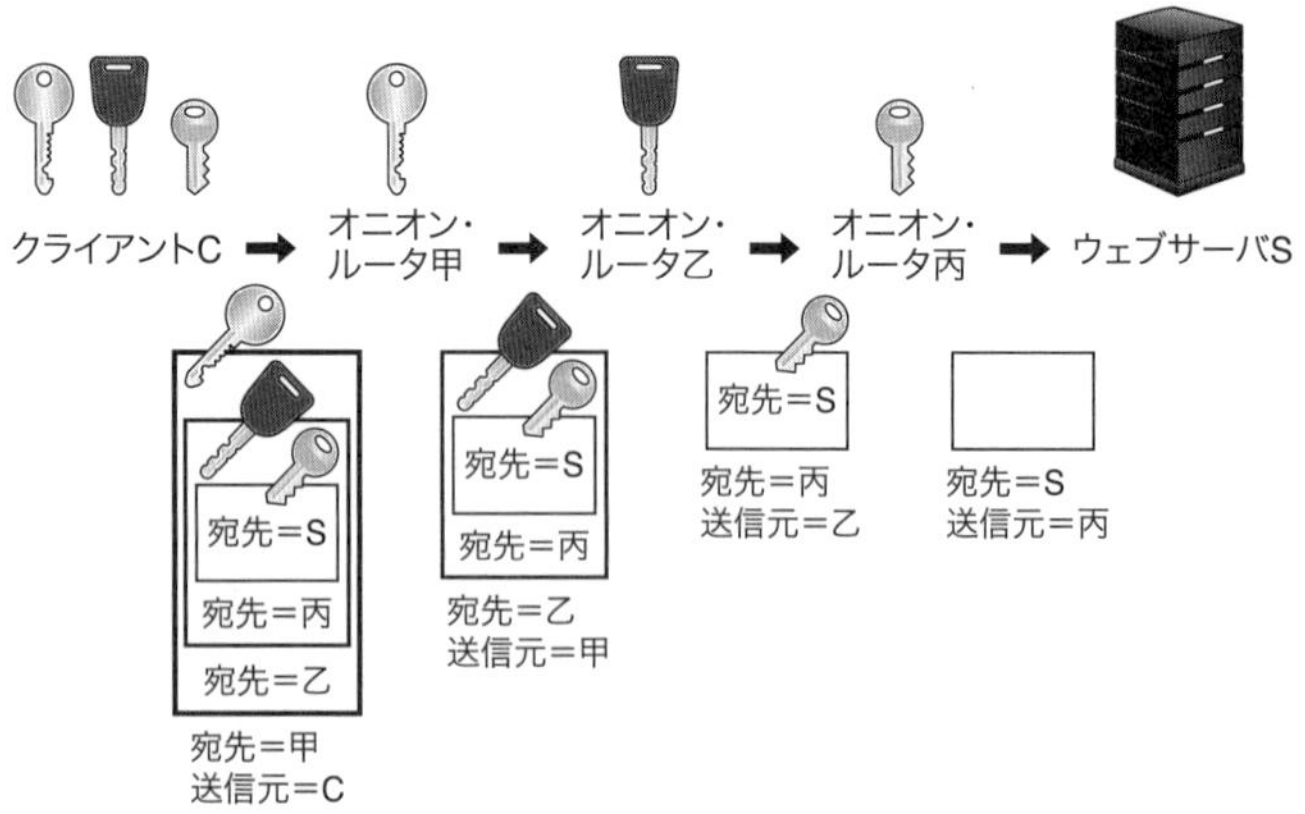

図４－１　オニオン・ルーティングによる匿名通信システム

通信の内容（データ）ではなく、送信元アドレスや宛先アドレスを多重に暗号化してオニオン・ルータという協力者を経由して通信し、誰がどのウェブサイトへアクセスしているかを経路上の第三者にわからないようにする。たとえば、甲と乙の間にいる第三者には、甲と乙が通信しているようにしか見えず、CとSや丙が関わっていることはわからない。

甲は、復号して構成したパケットを整えて（送信元アドレスを甲のアドレスとし、宛先アドレスを乙のアドレスとするなどして）乙へ送ります。甲が受け取ったパケットに添えられていた「もともとの送信元はCですよ」という情報が、ヘッダから剝《は》ぎ取られたわけです。乙は、乙鍵で復号し、次の宛先が丙であることを知ることができます。しかし、乙は丙鍵を持っていないので、さらにその次の宛先がSであることはわかりません。

続いて乙は、復号して構成したパケットを整えて（送信元アドレスを乙のアドレスとし、宛先アドレスを丙のアドレスとするなどして）丙へ送ります。乙が受け取ったパケットに添えられていた「乙の手前のオニオン・ルータは甲ですよ」

という情報が、ヘッダから剝ぎ取られたわけです。丙は、丙鍵で復号し、次の宛先がSであることを知ることができます。

最後に、丙は、復号して構成したパケットを整えて(送信元アドレスを丙のアドレスとし、宛先アドレスをSのアドレスとするなどして)Sへ送ります。丙が受け取ったパケットに添えられていた「丙の手前のオニオン・ルータは乙ですよ」という情報が、ヘッダから剝ぎ取られたわけです。このように、オニオン・ルータを経由していく際の処理が、次々とタマネギの皮を剝ぎ取るようなイメージで理解できるので、トアで協力者を経由してパケットを届ける経路制御の仕組みを「オニオン・ルーティング」と呼びます。Sは、丙からウェブアクセスを受けたことは認識できますが、丙の先に乙、甲、そしてCがいることはわかりません。

Sからのレスポンスを C まで転送する際も、丙には「丙鍵を使って乙とやり取りしているトアによる通信」であることがわかり、乙には「乙鍵を使って甲とやり取りしているトアによる通信」であることがわかり、甲には「甲鍵を使ってCとやり取りしているトアによる通信」であることがわかりますので、随時パケットを整え、やはり所望の匿名性を保って通信できます。

サイドチャネル攻撃

トアの匿名性を脅かす攻撃として、「指紋攻撃」という順探知手法がよく知られています。

Cがどのウェブサーバへアクセスしているかを知りたい攻撃者は、甲でトアの通信を観測します。あるいは、誰でも（したがって攻撃者も）オニオン・ルータになれますので、甲自身が攻撃者であるかもしれません。攻撃者は、甲を最初のオニオン・ルータに選んだトアの通信を自分であらかじめ行います。その際、さまざまなウェブサーバへトアでアクセスし、通信パターン（ウェブサーバへ近付く方向と逆向きのどちら向きの通信として、いかなるサイズのパケットがどのタイミングで送られたか、などのパターン）を記録しておきます。これを、それぞれのウェブサーバの指紋と見なします。たとえば、一部の検索サイトのように簡素なものと、動画満載のサイトでは、指紋の特徴が大きく異なることが予想されます。段ボール箱の中身も配送伝票も見えないとしても、引越のトラック周辺で作業を観察していたら、段ボールの大きさと個数やトラックの大きさ、作業員の人数や作業時間などから、引越に関して何らかの情報を得ることはできるでしょう。指紋攻撃でも、同様の目論見で観測をします。

人気のある主立ったウェブサーバへアクセスして予習を終えた攻撃者は、実際にCが行っているトアの通信を観測し、その指紋を予習結果と比べます。非常によく似ているウェブサーバがあれば、そこへのアクセスではないかと推測します。単純に類似性を比較する手法以外に、機械学習などの高度な学習機能を持つ分類器と呼ばれるプログラムを使う手法もあります。分類器が学習するデータとして予習のデータを使い、最後にCが行ったトアの通信パターンを入力して、どのウェブサイトに分類されるかを分類器に答えてもらうのです。たとえば、人気の高い一〇〇個程度のウェブサーバにアクセス先が限定されている場合（あるいは、それら以外へのアクセスについては攻撃者の関心がない場合）には、七〇パーセントやそれ以上の正答率で順探知に成功するという報告もあります。

トアで暗号化の外側にある情報には、トアを使った通信であることを示す識別子が含まれています。さもなければ、オニオン・ルータがトアのための処理をできません。たとえ、そのオニオン・ルータが共有している鍵による暗号化の内側であったとしても、その識別子を暗号化の内側に置いてしまうと、オニオン・ルータはトアで規定された復号に移れません。「次になすべき処理はその復号ですよ」という情報がないからです。結局、オニオン・ルータの通信を観測できる攻撃者は、どれがトアの通信かをわかったうえで、指紋攻撃を実行することができます。

指紋攻撃のように、サイドチャネル（情報の伝わる経緯として、本来意図されたものではない、副次的で想定外のもの）を利用した攻撃を総称して、「サイドチャネル攻撃」と呼びます。トアに対するサイドチャネル攻撃としては、指紋攻撃のほかに、ドメイン・ネーム・システムを参照する一連の手続きから、匿名性を脅かす情報を入手する攻撃などがありえます。ドメイン・ネーム・システムとは、インターネット上のＩＤやアドレスといった身元情報に関して、人が認識しやすい表記のドメイン名やホスト名（たとえば kanta.matsuura.naiyo.org）から、計算機が処理しやすい表記のＩＰアドレスを検索して明らかにすることにより、両者の対応関係を把握する仕組みです。トアでは、ふつうの通信では選ばないような地域のオニオン・ルータを中継者として選ぶことがよくあります。奇妙な通信を行うということは、それを観測する攻撃者に対して、有力な情報を与えることにつながりかねません。また、検索した直後に行われたトアの通信は、検索されたＩＰアドレス宛てだろう、と推測される場合もあります。このようにインターネットでパケットを宛先へ届けるための基本的な仕組みに立ち入ったサイドチャネル攻撃は、オニオン・ルーティングの準備段階で認証付き鍵共有プロトコルを実行しているときにも、受ける可能性があります。

トアに対するサイドチャネル攻撃の共通点は、トアがインターネットの基本的な通信プロトコルを前提とし、それに強く依存して、その上につくり込まれたために生じた脅威だということです。典型的な、後付けセキュリティの問題です。

情報もサイバー攻撃につながる

サイバー攻撃という言葉は、サイバー空間において何か高度な技術で侵入してくる脅威を連想させるでしょう。確かに技術的な脅威は多くありますが、サイバー空間では、情報も脅威につながります。たとえば、サイバー空間における掲示板で特定の外国や組織へのサイバー攻撃を呼びかけたり、サイバー攻撃につながる感情をかき立てるような書き込みをしたりする行為が、実際にインシデントにつながったこともあります。あるいは、攻撃ツールの作成方法に関する情報を流すという悪質な行為が見られる場合もあります。サイバー空間では、情報も攻撃につながりうるのです。

サイバー攻撃の定義には当てはまらないかもしれませんが、口コミ情報として意図的に特定の事業者や個人を妨害する虚偽の情報を流すと、その事業者や個人に実空間で打撃を与える場合があります。スパムメールが増えるにつれて、向こうから勝手に届く情報に関しては注意深くなる人が増えています。しかし、一方で、検索やポータルサイトなどを通じて自分で努力して辿り着いた情報には、必要以上に入れ込みがちになっています。この傾向は、情報がもたらす脅威を高めかねません。ソーシャル・ネットワーク・サービスにも、同様の危険性がありますす。技術の悪用を慎みあるいは抑止し、情報の発信に責任を持ち、情報の解釈と理解に冷静になる必要があります。

私たちは、経験と教育、そしてコミュニケーションを積み重ねて、節度をもってサイバー空間と向き合う方向へ進むべきでしょう。安心感は、社会の中で育まれるものです。

第5章

脅威への備え三箇条

私たちは、サイバーセキュリティの安全、安心、そして節度のすべてにおいて、前進してはいるものの、まだまだ発展途上です。その中で、どうすれば当面の脅威に備えることができるのでしょうか。ここでは、三箇条の心得、いわばサイバーセキュリティの三原則として、明示性の原則、首尾一貫性の原則、そして動機付け支援の原則を学びます。そして、専門家が三原則に従った場合に、ユーザがどう行動すれば効果が引き出されるか、考察しましょう。

一　包み隠さず明らかにせよ

明示性の原則

古くは暗号技術に関するケルクホフスの原則が教えてくれているように、私たちは、「攻撃者が防御手法を知っている」と仮定して科学的に安全性評価を行わねばなりません。そのためには、攻撃者ではない評価者にも、防御手法を十分知ってもらう必要があります。十分知ってもらうためには、たとえばサイバーセキュリティの論文ならば、それを読んだ人が防御手法を再現できるようくわしく書かねばなりません。要するに、再現性を確保できるだけのくわしさ

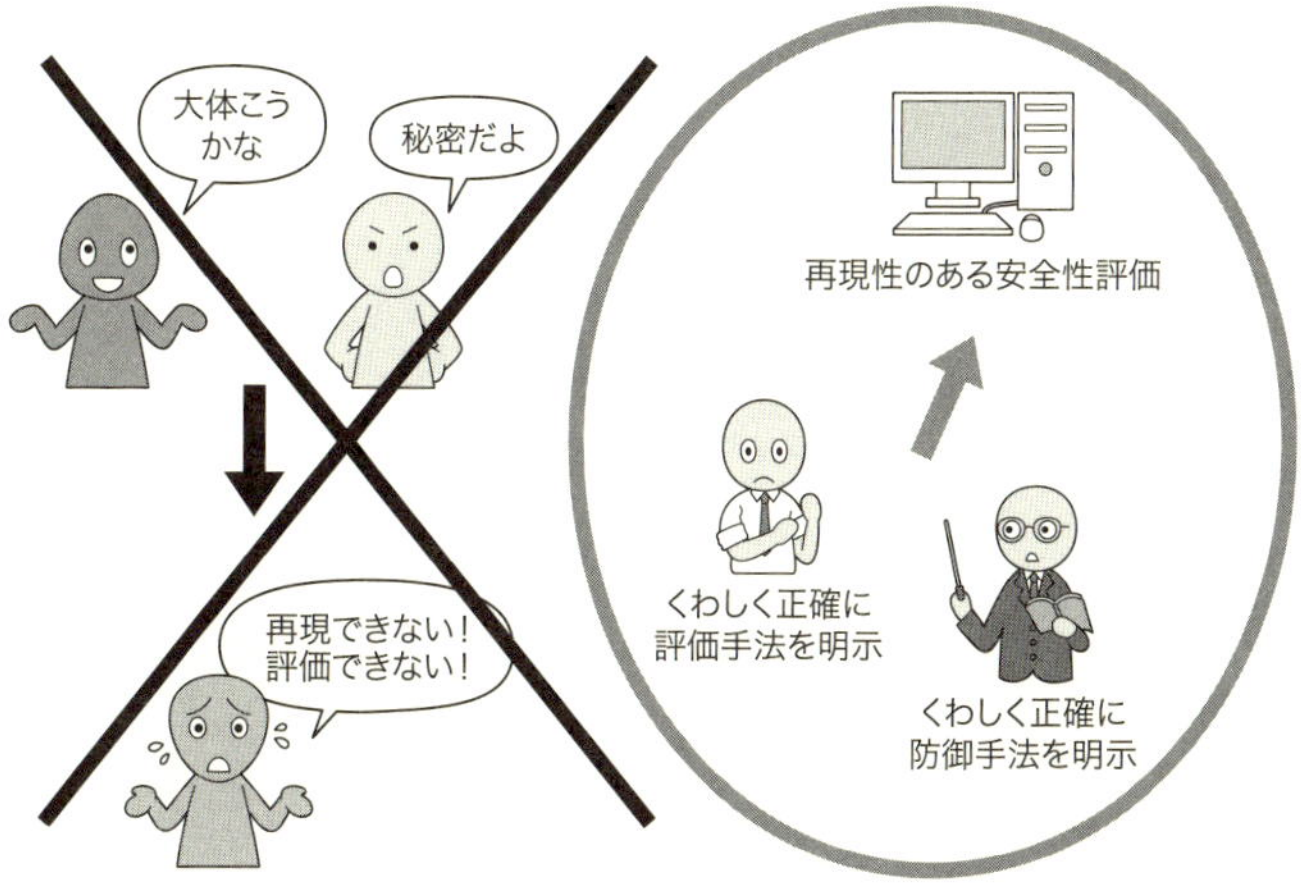

図５－１　明示性の原則
科学的評価を伴う真のサイバーセキュリティのためには、再現性を確保できるだけのくわしさと正確さで防御手法を明示して安全性評価を行い、再現性を確保できるだけのくわしさと正確さで評価手法を明示して安全性評価結果を報告しなければならない。

と正確さで防御手法を明示して、安全性評価を行うべきです。同じく、評価者も、再現性を確保できるだけのくわしさと正確さで評価手法を明示して安全性評価を行い、結果を報告しなければなりません。これを、「明示性の原則」と呼ぶことにします（図５－１）。

防御手法を隠すというレベルで明示性の原則に反すると何が問題かは、すでにケルクホフスの原則とその関連事案で学びました（第２章参照）。くわしさと正確さが不十分である場合には、どのような問題につながるでしょうか。不正確な技術仕様に基づいて無理矢理安全性が評価され、それが厳密な安全性評価だと誤解されると、少なくとも研究の進展が阻害されます。絶対的な評価だけでなく、既存研究との優劣比較といった相対評価も誤解されうるからです。誤った相対評価は、研究開発の方向性を誤らせる可能性があります。影響が製品にまで及ぶと、最悪の場合、優良誤認すら生じかねません。評価手法を曖昧にして「安全だ」あるいは「安全でない」という言葉が独り歩きしても、同様の問題があります。

ユーザがもっとも意識すべきものはIDとアドレス

明示性の原則は、どちらかといえばサイバーセキュリティの専門家や、サイバーセキュリティと業務上の関わりが強い人向けのものです。明示性の原則が守られているときに、一般ユーザがどう行動すれば効果が引き出されるでしょうか。

とくに影響が大きい規範は、ユーザがIDやアドレスといった身元特定に関わる情報に対して注意深く行動することです。多くのシステムでは、利便性を考慮し、ユーザに能力を越えた強い権限を与えています。たとえば、スマートフォンの新しいアプリケーションを見つけたとき、それをインストールしても大丈夫かどうかの判断力を、ふつうのユーザは持ち合わせていません。ウェブサイトの公開鍵証明書が古過ぎるためにブラウザが「公開鍵証明書に問題があるけれども、今回だけは例外的に受け入れるか」と尋ねてきたとき、受け入れ可否の判断力を、ふつうのユーザは持ち合わせていません。それでも、システムはユーザの指示を忠実に実行します。この点において、ユーザは神様です。

ユーザが判断を誤ると、明示性の原則を守って確立されたサイバーセキュリティ技術が不正な行いを守る、という皮肉な事態になります。たとえば、ウェブの暗号通信モードでは、仕様の公開されている標準化された暗号技術が使われています。ユーザが判断を誤って詐欺目的のウェブサイトに接続すると、攻撃者との通信が第三者に傍受されたり改ざんされたりしないように守るという形で、ウェブの暗号通信モードが利用されてしまいます。

判断の誤りの多くは、IDやアドレスといった身元特定に関わる情報に着目し注意深く行動することによって、防ぐことができます。その送信者の電子メールアドレスに、本当に心当たりがあるでしょうか。その宛先の電子メールアドレスに、本当に今の電子メールや添付ファイルを送っても構わないでしょうか。そのウェブサイトのURLは、あなたが認識していたとおりのものでしょうか。実空間における詐欺では、権威を信じ込ませること（たとえば警察だと信じ込ませたり、弁護士だと信じ込ませたりすること）によって、標的の判断を誤らせるというパターンがあります。サイバー空間においても、権威を信じ込ませる（たとえば管理者だと信じ込ませる）というパターンがあります。攻撃者が被害者に信じ込ませる「権威」は、必ずしも強い権威である必要はありません。たとえば、日常的に職場で交わされる電子メールの文面に似た文面でやってきた詐欺メールには、騙される人が多いようです。日常的な仲間に認めているレベルの「権威」を、攻撃者が悪用する可能性があります。

要するに、権威の推定だけでは、身元特定に相当しません。身元特定に関わる情報に着目し、かつ、それに対して注意深く行動することが大切です。

マイナンバー制度の最弱リンク

平成二七年一〇月から、マイナンバー制度（社会保障・税番号制度）のために、日本国内の全住民に各自異なる一二桁の番号が通知される予定です。同制度の導入に際しては、セキュリティの確保が重要事項として議論されてきています。その中で、マイナンバーを取り扱う機関におけるインシデントが甚大な被害をもたらすという悲劇を心配する声もあります。明示性の原則を遵守している電子政府推奨暗号を適切に実装すれば、要素技術そのものが破られるインシデントは考えにくいかもしれません。

実際にもっとも危惧されるのは、最弱リンクの問題です。とくに、全住民自身が自分のマイナンバーを知っているということを忘れてはなりません。知っているわけですから、自分が書こうと思えばマイナンバーをどこにでも書くことができるのです。たとえば、公的機関による調査を装うなどの詐欺の手口に騙された場合、住民自身からマイナンバーが漏洩します。しかも、住民自身は、住所や生年月日はもちろんのこと、プライバシーの観点でより注意の必要な自分自身の個人的な情報を知っています。知っているわけですから、自分が書こうと思えば、それらの情報もそこへ書くことができるのです。

マイナンバーは、住所や生年月日とは関係ない番号が割り振られます。そのような配慮や、信頼できる要素技術の採用も、最弱リンクから崩れる可能性があります。ただし、制度自体の評価をする場合には、「マイナンバー制度を導入したがために成り立つ詐欺であり生じた被害なのかどうか」という点に注意して、冷静に問題を分析する必要があります。

ほかの詐欺と同様に、マイナンバーの搾取は、IDとアドレスおよびそれらの信頼性に注意すれば相当程度防ぐことができるでしょう。明示性の原則が守られているときに、その効果を最大限に引き出すためには、ユーザが身元特定に関わる情報に対して注意深く行動することが重要なのです。そのような行動規範の定着は、波及効果が大きいでしょう。

リスクコミュニケーション

明示性の原則がとりわけ重要な役割を果たすプロセスとして、リスクコミュニケーションがあります。リスクコミュニケーションとは、リスクについて直接あるいは間接的に関係する人たちが意見を交換し、合意を形成するプロセスです。原子力施設の設置に至るまでの合意形成プロセスが例としてよく挙げられますが、サイバーセキュリティにおいても、リスクコミュニケーションは重要です。あるリスクへの対策が新しいリスクを生じる傾向、つまり、ほかの課題に影響を与えたり新たな課題をもたらしたりする傾向が顕著だからです。

合意形成のプロセスでは、セキュリティやプライバシーといったコンセプトレベル、侵入防止や個人情報漏洩防止といった対策課題レベル、そして暗号技術や匿名通信システムといった技術レベルのそれぞれで、明示性の原則を守らねばなりません。上位層であるコンセプトレベルや対策課題レベルで明示性の原則が守られていない場合には、下位層の技術レベルで検討対象のリストアップを十分にできません。また、技術レベルで明示性の原則が守られていない場合には、評価が不正確なので、リスクコミュニケーションに修正できない誤りが入る恐れがあります。

二　コロコロ態度を変えるな

首尾一貫性の原則

サイバーセキュリティの評価検証段階で難しいことは、首尾一貫性の確保でした。私たちは、PDCAサイクルの各サイクルにおいて、計画段階から評価検証段階までの間、脅威分析や適用範囲と要求要件を首尾一貫させ、評価検証の質を高め信頼できるものにするべきです。これを、「首尾一貫性の原則」と呼ぶことにします（図5-2）。首尾一貫性の原則を守らなければ、適切で効果的な処置改善が阻害されます。

たとえば、「キャッシュカードを盗まれたら、四桁の暗証番号は簡単に推測される恐れがあるので危険だから」という理由で、簡易な指紋認証装置を銀行のATMに導入するプロジェクトを始めたとしましょう。この認証装置に生体検知機能（指紋認証装置にあてがわれる指が生

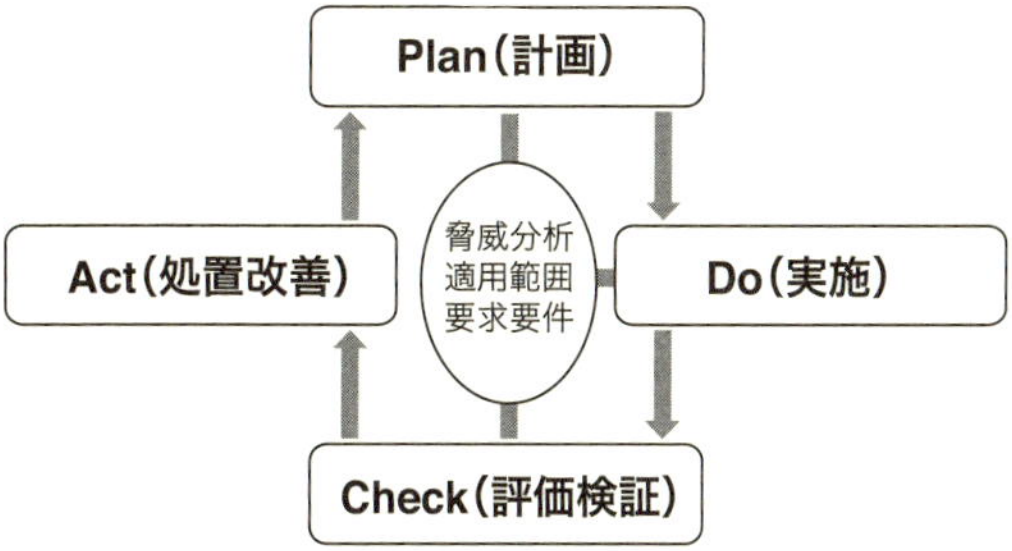

図５－２　首尾一貫性の原則
PDCA サイクルにおいて、計画段階から評価検証段階までの間、
脅威分析や適用範囲と要求要件を首尾一貫させなければならない。

きた人間の指であることを確認する機能）がなければ、技術的には必ずしも安全性向上になっていません。なぜなら、計画段階の脅威分析では「キャッシュカードを盗むことのできる攻撃者」が想定されており、そのような攻撃者はキャッシュカードについた正規の所有者の指紋画像を入手し模造できるからです。

ＰＤＣＡサイクルの評価検証段階で、「他人が他人自身の指紋で（別の正規のユーザの名を騙《かた》って）認証に合格しようと試みる攻撃」しか考えず「正規のユーザの指紋を模造した人工物による攻撃」を行わなければ、後者の脅威に気付かずに次のサイクルへと進むかもしれません。そこでもし耐久性向上の工夫が試されるなど安全性以外の観点が主役になるなどすると、ついには「暗証番号よりも安全」という謳い文句で、安全性評価の不十分なＡＴＭ向け指紋認証装置が普及しかねません。宣伝イメージが先行し、これまで暗証番号を慎重に設定していた人までもが「安全な認証装置を導入したのだから、併用する暗証番号は覚えやすく推測しやすいものでもよい」と解釈して使うようになってしまうと、暗証番号だけのシステムよりもむしろ脆弱になります。

ユーザのなすべきことは基本の徹底

ＰＤＣＡサイクルにおける心得である首尾一貫性の原則に、ユーザがどう貢献できるでしょうか。それは、実施段階における「基本の徹底」です。将来的には、ほかの段階でもユーザの関与が高まるかもしれませんが、ＰＤＣＡサイクルの中でユーザがもっとも関与する段階は実施段階です。基本が徹底されずに実施段階が揺らげば、評価検証段階を遂行するコストが高まり、首尾一貫性を保ちにくくなります。基本とは、そのＰＤＣＡサイクルで取り組んでいるプロジェクトに限らず、常識的に従うべきサイバーセキュリティ上の作法のことで、それに反した場合の影響がＰＤＣＡサイクルを回すまでもなく自明であるような心得のことです。たとえば、「複数の重要なシステムで同じパスワードを使わない」「パスワードを他人に教えない」ということは基本です。

あまりにもユーザが基本を守らない場合、今のプロジェクトに特徴的な問題に関する評価検証と処置改善を行うためには、基本不徹底の影響を取り除く必要が生じます。結局、肝心の安全性向上のためのプロセスが粗雑になったり、必要以上に高コストになったりしがちです。

たとえば、「あまりにもユーザが基本を守らない」例として、「複数の重要なシステムで同じパスワードを使わない」「パスワードを他人に教えない」の両方に反している場合を考えます。今、遠隔投票（指定投票所ではない任意の外出先からの投票）のための電子投票システムについて、実証実験をしているとします。遠隔投票ではない仕組みと併用するという制約のために、遠隔投票用のＩＤと初期パスワードに関しては、投票所へ出向く場合に持参してもらう「選挙のお知らせ」に同封したり、ＩＤと初期パスワード入手のための説明書きをそこに同封したりすることを検討しているとします。また、システム設計者は、初期パスワードを変更してからでなければ遠隔投票を認めない、というポリシーを採用しているとします。

あまりにもユーザが基本を守らない場合には、変更後のパスワードを攻撃者に見せているような状況が生じます。すると、初期パスワード通知方法として最適なものを探るための精査は難しく、ましてや、有効票と見なすか否かの判定基準を精査することはできなくなります。そして、ほかの観点でしか次のサイクルにおける選択肢が考えられないようになるかもしれません。あるいは、ユーザ教育を基本からやり直して再出発するのかもしれません。交通ルールが無視されている状況では、ユーザブル・セキュリティの観点で最適な信号制御方式を定めることはできないのです。

みんなが参考にできるベスト・プラクティス

情報セキュリティ分野で蓄積されてきたベスト・プラクティス（重要な経験則）の中には、

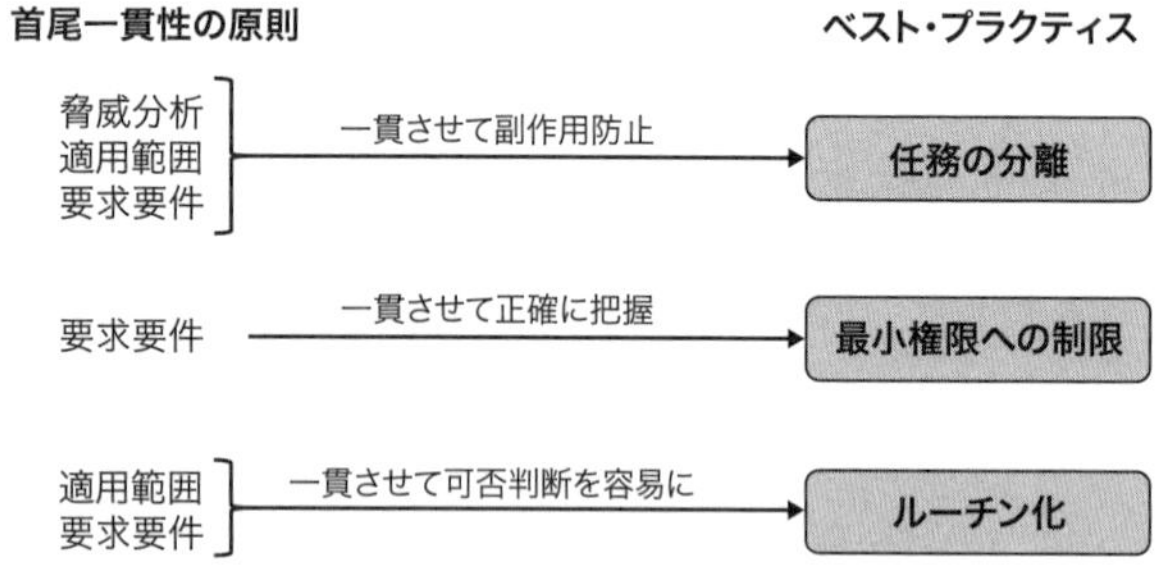

図５－３　首尾一貫性の原則とベスト・プラクティス

PDCAサイクルの各サイクルにおいて、脅威分析や適用範囲と要求要件を首尾一貫させることによって、サイバーセキュリティのベスト・プラクティス（重要な経験則）がより効果的に機能する。

サイバーセキュリティに広く適用できるものがあります。これらは、ソフトウェアのバグを防いだりプロセッサの誤動作を防いだりするためのベスト・プラクティスにも通じるものがありますので、計算機科学全般に広く適用できるといえるかもしれません。

そのようなベスト・プラクティスで代表的なものは、任務の分離、最小権限への制限、そして、よく練られた一連の処理（ルーチン化）です。首尾一貫性の原則を守ることによって、これらのベスト・プラクティスがより効果的に機能します（図５－３）。首尾一貫性の原則は、サイバーセキュリティのためのベスト・プラクティスの副作用を防いだり、実行を助けたりするうえで役立つのです。

任務の分離

「任務の分離」とは、役割分担を明確にして異なる任務は異なる主体に任せなさい、という教えです。そのほうが、相互チェックが効果的に機能したり、適材適所の負荷分散を実現できたりするからです。「一箇所が破られたらすべてが（あるいは多くが）破綻する」という事態を避けるうえでも有効です。主体として考える単位は、組織、個人、装置、プログラムなど、さまざまです。

象徴的な関係は、防御方式の開発と安全性評価（解析）に見られます。サイバーセキュリティ技術は、開発者と異なる第三者にも解析してもらうべきです。設計時に見逃したリスクは、同じ人ならば、解析時にも見逃しがちだからです。設計から解析までの短い時間で、大幅にスキルアップできる人は稀なのです。ただし、同じミッションの別のフェーズを異なる主体に任せるわけですから、首尾一貫性の原則を守らなければうまく機能しません。一般に、首尾一貫性の原則を守れば、任務の分離による副作用の防止に役立ちます。たとえば、開発者と評価者の間で首尾一貫性が保たれていなければ、評価結果はかえって不正確になるかもしれません。

安全性評価のように技術的なミッションだけでなく、サイバーセキュリティに関する運用や体制、取り組みに関する制度を設計するときにも、任務の分離は有効です。たとえば、さまざまな組織でPDCAサイクルを適切に実践するための枠組みとして、国際標準規格に準拠した「情報セキュリティマネジメントシステム（ISMS：Information Security Management System）適合性評価制度」を、日本情報処理開発協会が運用しています。その仕組みは、独立性、専門性、スケーラビリティ（システムが大きくなり制度利用が増えても対応できること）に留意して、図5－4のように任務の分離がなされています。認定機関において首尾一貫性の

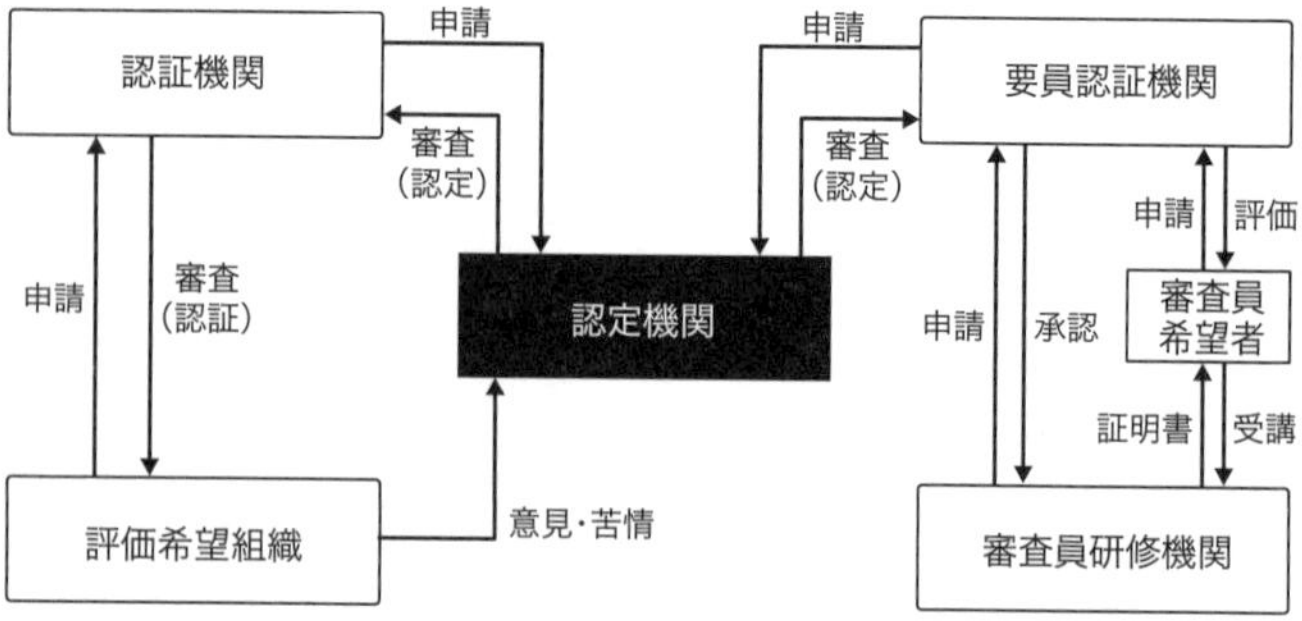

図５－４　情報セキュリティマネジメントシステム（ISMS）適合性評価制度

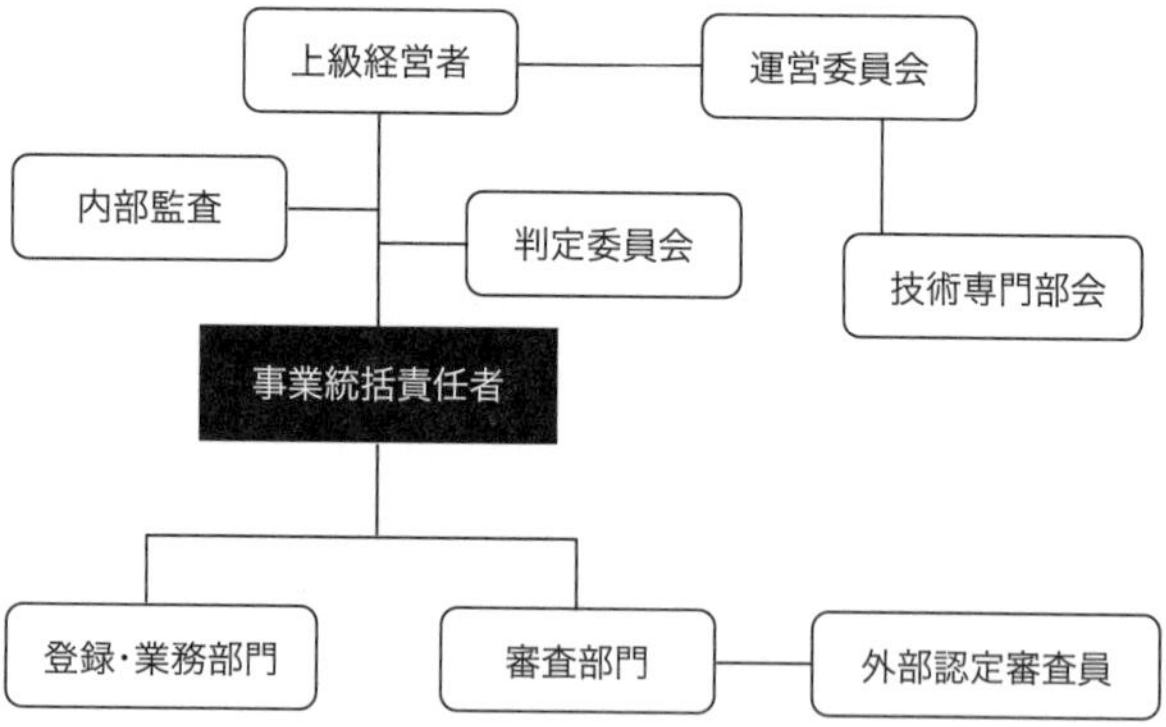

図５－５　ISMS 適合性評価制度の認定機関運用体制

原則が守られていれば、要員の研修や認証と組織のＩＳＭＳ適合性評価が互いに整合して効果的に実施できます。さらに、認定機関の運用体制でも、図５－５のように任務の分離がなされています。認定機関の役割が重いので、内部の運用体制も慎重に設計されていることがわかります。

　ＩＳＭＳ適合性評価制度では、組織がＩＳＭＳを構築するための要求事項をまとめた国際規格を満たしているかどうかがチェックされます。国際標準規格を満たしてわが国の環境の中で効果的に機能するよう、計画段階では適用範囲の定義、セキュリティポリシーの策定、情報資産の抽出、リスク分析、管理実施方法の選択が重視されます。とくに、リスク分析では、残留リスク承認記録も残すことが重要です。同じく、評価検証段階では、ISMS有効性の定期的なレビュー、リスク分析の定期的なレビュー、管理実行状況の監視と記録（ログの作成）が重視されます。

最小権限への制限

「最小権限への制限」とは、いかなる人や組織にも必要以上の権限を与えないほうがよい、という教えです。「とりあえず与える」「それを与えることで生じる具体的なリスクを思いつかないので、むしろあとで便利かもしれないから与える」などの論理は、危険です。

たとえば、大学が、特定の研究プロジェクトや専門的な演習ではなく、一般的な用途で学生にパソコンを貸与する場合を考えましょう。この場合、学生にソフトウェアを自由にインストールする権限を与えるのは、十分な教育を完了していない限り危険です。講義のホームページ閲覧、ワープロソフトによるレポート執筆、論文や図書の検索、といった一般に必要な作業は、最初からインストールされている基本的なソフトウェアで十分できるでしょう。にもかかわらず勝手にファイル共有ソフトをインストールされると、意図せぬファイル共有によって本来は学内専用だったファイルが外部へ流通するリスクが高まります。また、出所のはっきりしないソフトウェアをインストールすると、マルウェアに犯されるリスクも高まります。

首尾一貫性の原則を守れば、要求要件が統一されますから、最小権限を正確に把握しやすくなります。

よく練られた一連の処理

「よく練られた一連の処理（ルーチン化）」とは、ご飯を食べたら後片付けと歯磨きをしましょう、という実生活における規範と同様に、一連のルーチンを順序も含めてうまく考え、それを守ることで安全性を高められる場面が多いですよ、という教えです。実際に、電子メールを送信するときに、「送信する前に宛先の電子メールアドレスを確認し、添付ファイルを確認する」という作業を必ず行うようルーチン化していれば、防ぐことができたであろうインシデントは、きわめて沢山あります。デジタル・フォレンジックにおいても、証拠となる電磁的記録に対して誰がどの段階で安全性を確保する処理（電子署名生成など）を行うか、ルーチン化することが有効です。

ただし、ルーチン化によって安全性が高まるのは直感的に理解しやすいのですが、ルーチン化がそもそも可能なのか（ルーチン化してもセキュリティ以外の要求要件を満たせるか）を判断することは、必ずしも容易ではありません。たとえば、電力システムや交通関係の制御システムなどの重要インフラにおいて、デジタル・フォレンジック関連処理をルーチン化できるかどうかの判断は容易ではありません。手続きの正当性、解析の正確性、そして第三者検証可能性を確保できるように電磁的記録を残す作業は、システムに少なからず負荷をもたらします。動作の実時間性と確実性を求められる重要インフラでは、それらの要求要件とセキュリティのためのルーチン化とを両立できるかどうかについて、慎重な判断が必要です。首尾一貫性の原則を徹底させれば、要求要件も適用範囲も統一されますから、この可否の判断が容易になります。そのままでは両立が難しいために、システムの大幅な変更を試みる場合もあるでしょう。その場合、変更するためのプロジェクトで回すPDCAサイクルにおいて、首尾一貫性の原則を徹底させることがきわめて重要です。

「ルーチン化は任務の分離と相容れないのではないか」と懸念する人もいるかもしれません。わざわざ別々の人に担当させた処理を関連付けて一連の処理として義務化するのは大変だ、それならば最初から同じ人に頼めばよいのではないか、という考えです。幸い、ルーチン化と任務の分離は、両立の難しいトレードオフ関係にはありません。むしろ、任務を分離するからこそルーチン化の意義がより一層大きくなり、ルーチン化するからこそ安心して任務を分離できるのです。この点については、認証とアクセス制御の関係を考察すれば、理解が深まります。

認証では、「今アクセスしてきた主体が誰であるか（あるいはいかなる属性か）」を判断し明らかにします。アクセス制御では、「その主体（あるいは属性の持ち主）であることが本当だとすると、その主体（あるいは属性の持ち主）にいかなる行為を許すのか」を判断し定めます。それぞれに非常に専門的な作業であるとともに、判断に必要な情報も異なりますので、任務の分離は自然な流れです。任務を分離しなければ、判断が不正確になるか、あるいはコストが大幅に高まるからです。

ここで、オンラインショッピングにおけるクレジットカード決済を考えてみましょう。オンラインショッピングのウェブサイトに会員ログインしたユーザが、最終的にクレジットカード決済で商品購入を終えるまでの間に、さまざまな認証とアクセス制御が行われます。

認証としては、会員ログインの認証、クレジットカード所有者であることの認証、「不正なプログラムが自動的にオンラインショッピングのアクセスをしているのではなく生身の人間がアクセスしていること」の認証、などがあります。これら三つの認証のうち、一つ目はＩＤとパスワードで行われる場合が多く、二つ目はクレジットカード情報（カード名義、カード番号、有効期限、カード裏面のセキュリティコード）やクレジットカード会員サイト用のＩＤとパスワードで行われる場合が多いでしょう。三つ目を行う典型的な手段は、表示された歪み文字を判読して手入力する「キャプチャ（ＣＡＰＴＣＨＡ：Completely Automated Public Turing test to tell Computers and Humans Apart）」です。

アクセス制御としては、出店している店舗（テナント）の商品在庫データへのアクセス（読み込みを許可するか）、買い物かごデータへのアクセス（読み込みや書き込みを許可するか）、会員ポイントデータへのアクセス（読み込みやポイント利用を許可するか）、登録済みクレジットカード情報へのアクセス（読み込みを許可するか）、クレジットカード使用の信用照会（決済を許可するか）などがあります。

これらの認証とアクセス制御の任務を分離しなければ、判断が不正確になるか、あるいはコストが大幅に高まるでしょう。ルーチン化では、順序を適切にすることも重要です。たとえば、キャプチャを要求するタイミングは、パスワード入力のように攻撃ツールが使われる可能性の高い処理の前が適切でしょう。

三　人と組織の心に注意せよ

動機付け支援の原則

外部性の問題で学んだように、関与者の動機付け（インセンティブの付与）が適切になされなければ、サイバーセキュリティの基盤が揺らぎかねません。たとえば、通信事業者やセキュリティソフトウェアのベンダーが、最新の脅威に関する情報を迅速に把握し共有できるようにするためには、ただ乗り問題を克服する必要があります。技術革新によって問題が緩和されることもあるかもしれませんし、何らかの社会制度を整備することが有効かもしれません。ただ乗り自体は攻撃ではありませんので、私たちがなすべきことは、防御というよりもむしろ動機付けの支援です。私たちは、サイバーセキュリティ向上につながる動機付けを支援すべきです。

これを、「動機付け支援の原則」と呼ぶことにします。

動機付けに関連する個別の課題に取り組む際には、個人の行動を支配するメカニズムと、組織や国の行動を支配するメカニズムが異なる場合もあることに注意が必要です。動機付け支援の原則を実践するためには、技術や管理方式だけでなく、人間や社会を理解しなければなりません。それゆえ、サイバーセキュリティ分野は総合科学・総合工学だと認識されています。

ユーザによる感謝とリスペクト

個別の課題ではなくサイバーセキュリティ全般の課題として、安全のために取り組むことがコストや負担と見なされがちで、積極的に取り組ませる動機付けが難しいという課題があります。たとえば地球環境問題対策や社会福祉に積極的な企業を支援する購買行動や融資支援のように、サイバーセキュリティにしっかり取り組んでいる企業に感謝し、その企業をリスペクトし、評価し支持するような行動を消費者や社会がとれば、サイバーセキュリティを高める動機付けを支援する基盤的な効果が期待できます。地球環境問題対策におけるいわゆるエコ消費の機運が示しているように、社会全体のうねりとなることが大切です。

インシデントが報道された結果、問題の企業の株価が下がったり消費者が離れたりしてダメージが与えられた、という例は数多くあります。大変重い事実ですが、ネガティブなストーリーともいえます。しかし、動機付け支援を真に根付かせるためには、ポジティブなストーリーを生む感謝とリスペクトも必要です。

この感謝とリスペクトは、実は、企業だけでなく、個人に対しても向けられるべきものです。しかも、倫理や道徳の観点だけでなく、利害得失の観点でもサポートされる考え方です。地球環境問題を例に出すと、「環境汚染は自分や子供の健康に影響するけれども、他人のパソコンがハッキングされても自分には関係ない。他人がサイバーセキュリティに努力していても、ご苦労様とは思うが、感謝やリスペクトの気持ちは湧かない」という反応が示されることがあります。ところが実際には、「他人のパソコンがハッキングされても自分には関係ない」は誤りです。第一に、マルウェアを感染させるなどの形で攻撃に直接利用されるケース（乗っ取られた他人のパソコンから、自分へ向けて攻撃が仕掛けられるケース）があります。第二に、軽率な人を標的にした攻撃で資金を貯めた攻撃者が、より大きな問題を引き起こすというパターンがあります。

かりに支援する行動を今すぐ十分とることはできなくとも、サイバーセキュリティに積極的に取り組めば感謝されリスペクトされるという認識を確立し広めることが、強く望まれます。

情報セキュリティ経済学

動機付け支援の原則を徹底するうえで欠かせない研究として、二〇〇〇年頃から、「情報セキュリティ経済学」の研究が盛んになされています。これまで、おおむね二つのパターンで、情報セキュリティひいてはサイバーセキュリティに貢献してきました。

●情報セキュリティに関するある問題の発生要因が「経済学的最適戦略が直感に反し、人々がそれに従わないこと」にある。この事実を科学的に説明し、直感を正させる。

●情報セキュリティに関するある問題の発生要因が「人々が経済学的最適戦略に従うままにしておくと問題が発生するにもかかわらず、それを抑制／回避する社会制度設計などの対策が十分にとられていないこと」にある。この事実を科学的に説明し、十分な対策を促す。

第一のパターンの例として、高い脆弱性への対策が徹底しない問題があります。情報セキュリティ経済学では、脅威を「攻撃が発生する確率」と定義し、脆弱性を「攻撃が発生したときに、発生したという条件のもとで、攻撃が成功して実際に損害が生じてしまう条件付き確率」と定義します。実際の組織で対策がどのような重みでとられるかを分析すると、中程度の脆弱性への対策に重点的に取り組み、内部犯行などの高い脆弱性への対策は甘い場合がよく見られます。「内部犯行に走られたら、もうそれは仕方がない。いや、わが社では起こりえない。それよりも、効果が目に見えやすい問題を重視しよう」という直感が災いして、大きなインシデントに泣いた例があります。経済学的には、サイバーセキュリティへの取り組みが脅威の低減つまり抑止力としても十分効果的に作用する場合には、高い脆弱性にむしろ積極的に取り組むことが合理的であることがわかっています。

第二のパターンの例として、ソフトウェアのセキュリティパッチの問題があります。みなさんが使用中のソフトウェアには、インターネットを通じて随時そのソフトウェアに関するセキュリティ上の問題点を修正し、ソフトウェアを更新するセキュリティパッチがあてられているものが沢山あるでしょう。なぜ、ソフトウェアベンダーの多くは「とりあえず出荷して、あとからあとからパッチをあてる」という戦略をとるのでしょうか。「ソフトウェアの専門家ならば、最初からセキュリティに十分配慮した設計をし、完成度を高めてから出荷すればよいのではないか？」という疑問もあるかもしれません。残念ながら、先行者利益の大きな市場では、「とりあえず出荷して、あとからあとからパッチをあてる」という戦略が、経済学的に合理的であることがわかっています。

セキュリティ投資

情報セキュリティ経済学の代表的な研究課題として、セキュリティ投資の問題があります。対策に際限なく資金を投じることができるならば、いくらでも安全性を高めることができるかもしれません。しかし、実際にはさまざまな制約があるため、青天井のセキュリティ投資がなされることはきわめて稀です。費用対効果の観点で最適な投資戦略とはどのようなものなのでしょうか。そもそもセキュリティ投資の効果とは、経済学的にどう理解すればよいのでしょうか。これらの疑問に答え、有用な知見を導くことを目的として、研究が進められてきました。

利害関係者の行動性向がリスク中立的な場合の最適投資戦略は、理論的に扱いやすいため、研究が進んでいます。リスク中立的とは、期待値に従って判断する考え方です。たとえば、投資の選択肢として、次の二つがあるとします。

● 五〇パーセントの確率で四万円の利益が得られるけれども、五〇パーセントの確率で二万円の損失を生じる。よって、期待値としては、(四－二)／二＝一万円の利益が得られる。
● 必ず五〇〇〇円の利益が得られる。利益の期待値も五〇〇〇円である。

リスク中立的ならば第一の選択肢を選びますが、リスク中立的でなければ第二の選択肢を選ぶ場合があります。セキュリティ投資の効果は、脅威と脆弱性を下げることによって現れると考えるのが自然です。単純化された投資モデルでは、脅威をどれだけ下げられるかは投資金額と投資前の脅威の値(攻撃が発生する確率)のみに依存し、脆弱性をどれだけ下げられるかは投資金額と投資前の脆弱性の値(攻撃が成功する条件付き確率)のみに依存すると仮定します。すると、セキュリティ投資を行う人や組織がリスク中立的な場合の最適投資曲線(脅威の値を固定したときに、異なる脆弱性の値に対して最適投資金額がどう変化するかをプロットしたグ

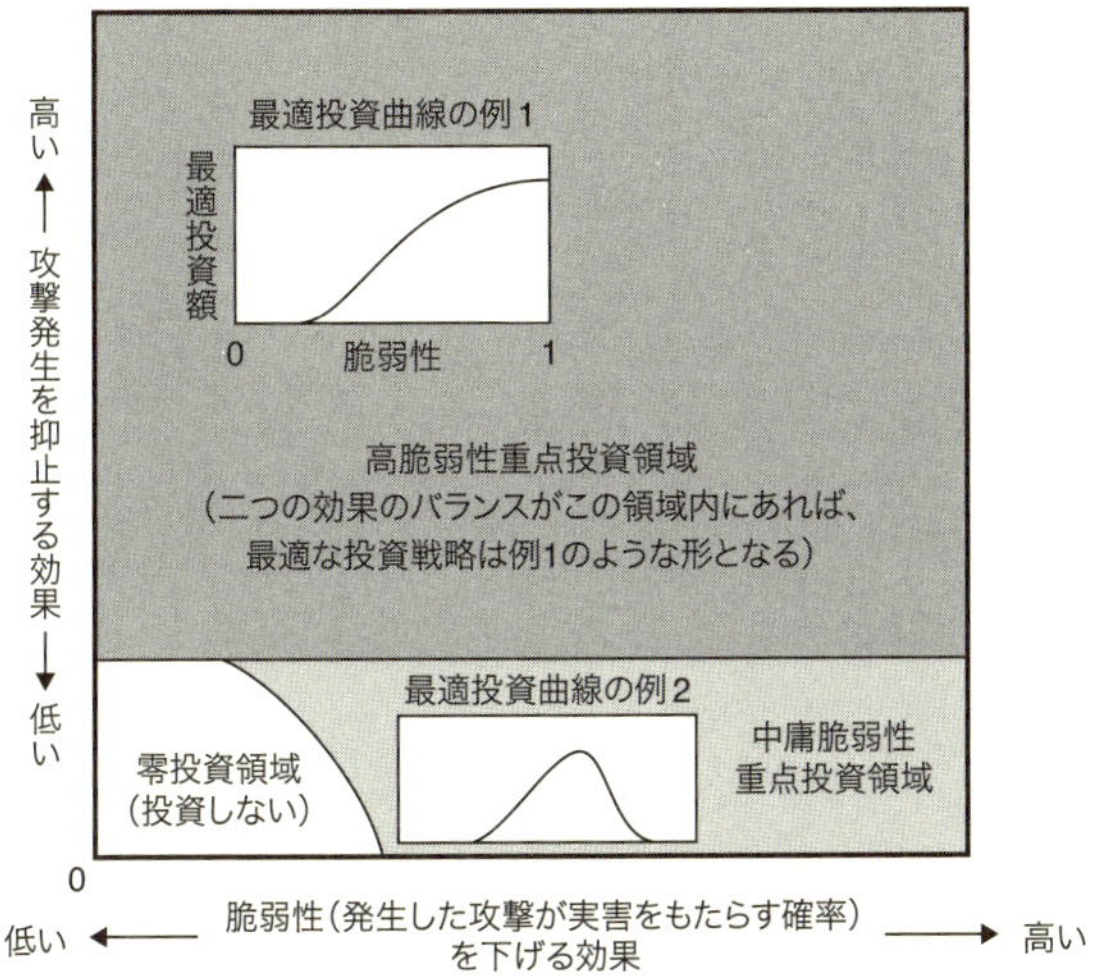

図5－6　セキュリティ投資における脅威低減効果と脆弱性低減効果のバランス

脅威の値を固定したときに、異なる脆弱性の値に対して最適投資金額がどう変化するかをプロットしたグラフを最適投資曲線と呼ぶ。投資で脅威を十分効率的に低減できる場合（図の上部の領域に相当する場合）には右肩上がりの最適投資曲線、そうでない場合（図の下部の領域に相当する場合）には、あまりにも投資効果が低い場合（図で原点に近い領域に相当する場合）を除いて、中程度の脆弱性に重点的に投資する形の最適投資曲線が得られる。

ラフ）を描くことができます。このグラフは、投資で脅威を十分効率的に低減できる場合には右肩上がりとなり、そうでない場合には、あまりにも投資効果が低い場合を除いて、中程度の脆弱性に重点的に投資する形になります（図5－6）。地震対策で、地震に遭遇する確率を下げる（移転するなど）ことも選択肢に入る問題設定の場合には震度七の地震対策にもしっかり取り組み、そうでない場合には震度五や六に耐える努力を重視する傾向と、似ている部分があります。

近年は、標的型攻撃のように成功率を高めた攻撃が増加しています。標的型攻撃とは、電子メールに忍ばせた不正なリンク先をクリックさせる場合に、その電子メールの受信者が信じやすい文面や送信者名を工夫するなど、具体的な標的に合わせた攻撃の総称です。まったく同じ文面で不特定多数へ電子メールを送りつける攻撃よりも、成功率が高いことが特徴です。抑止力効果の高いサイバーセキュリティ技術を十分に供給することは、対策導入を促す動機付けの観点では、大きな意義があります。

ベンダーの技術革新インセンティブ

サイバーセキュリティのための技術やサービスを商品としている企業を考えましょう。それらの商品には、脅威の低減や脆弱性の低減に一定の効果があるでしょう。その効果をモデル化できれば、セキュリティ投資による正味の利益を定式化できます。脅威低減や脆弱性低減による「被害の減少額の期待値」から投資額を差し引いた量を、正味の利益と捉えるわけです。今、単位投資額あたりの脅威低減や脆弱性低減をセキュリティ投資の生産性と定義し、正味の利益を最大化する最適化問題を考えます。この最適化問題の解が、生産性、脅威、脆弱性といったパラメータを用いて明示的な数式として得られたとしましょう。

この解（最適投資金額）を生産性パラメータで偏微分しその符号をチェックすれば、ベンダーが技術革新することによってユーザのセキュリティ投資が増えるのか減るのかを予想できます。偏微分した値が正ならば、「ベンダーが技術革新して生産性パラメータが大きくなると、ユーザのセキュリティ投資も増える（ベンダーの売り上げは向上する）」と期待できます。この場合には、ベンダーは技術革新するインセンティブを持つでしょう。

逆に、偏微分した値が負ならば、「ベンダーが技術革新して生産性パラメータが大きくなると、ユーザのセキュリティ投資はむしろ減る（ベンダーの売り上げは減少する）」と危惧されます。ベンダーは、すぐには技術革新するインセンティブを持たないでしょう。

情報セキュリティ経済学は、これらの問題に対して、体系的な研究手法を提供します。その手法による研究成果として、脅威低減効果（抑止力効果）が大きい場合には、後者すなわちベンダーが逆インセンティブ（技術革新を避けるインセンティブ）を持ちがちであるということなどがわかっています。地震の少ない地域へ転居（あるいは移転）することに抵抗感のない人（あるいは組織）が多ければ、耐震補強工事技術の技術革新インセンティブは下がりかねない、ということです。

サイバーセキュリティの三原則を守るためには、技術・人間・社会のすべてに目を向ける必要があります。

第6章

サイバーセキュリティに革命は起こせるか

サイバーセキュリティにおいては、攻撃者の生産性が革命的に向上しています。互いに見ず知らずの多数の攻撃者が、扇動に乗せられて、同時に攻撃してくることもあります。高度な攻撃スキルのない人でも、攻撃ツールを入手して好奇心から不正行為に走ったという例もあります。大きな悪意や高度な攻撃スキルを持つ人が世界にごく少数しかいなくても、その影響が広く素早く伝わって影響を与えかねない時代なのです。攻撃者側の革命に対抗するために、防御者側にも革命を起こせるでしょうか。

一　第三の産業革命

頼りになる不特定多数の協力者

アイデアを形にする「ものづくり」一般では、インターネットの活用でメーカー・ムーブメント（第三の産業革命）という革命が進むといわれています。装置がなくても工作スペースにインターネットで設計図を送れば形にしてもらえる、という期待を担い、インターネットを通じたアウトソーシングが脚光を浴びるようになりました。とくに、安価な３Ｄプリンタの登場は世界に衝撃を与えました。3Dプリンタとは、紙に平面的に印刷するものが従来のプリンタであるのに対して、コンピュータ上でつくった三次元のデータを設計図として、断面形状を積層していくことによって立体物を作成する機器のことです。液状の樹脂に紫外線などを照射し少しずつ硬化させていく方式や、熱で融解した樹脂を積み重ねていく方式、粉末状の樹脂に接着剤を吹き付けていく方式など、具体的な原理はさまざまです。

3Dプリンタは、その初期の利用方法から、積層や吹き付けをする部分だけではなくシステムをひとまとめとして、産業用ロボットの一種と見なされることもあります。しかし、より安価に手軽に利用できるようになるとともに性能も向上すると、個人でもインターネットを通じて手軽にアウトソーシングに関わり、しかも本格的な造形ができるようになります。場合によると、アウトソーシングしなくても、利用制限を設けずにアイデアを披露しておくだけで、不特定多数の人が形にしてくれるかもしれません。かりにその成果物の多くは取るに足らないものであるとしても、ごく少数でも大ブレークするものがあれば凄いことだという期待がありますす。表現には賛否両論あるでしょうけれども、眠っていた膨大なアイデアが流入して新たな市場が生まれる、などと騒ぐ声すらあります。

一方、音楽などの芸術においても、インターネットを活用した新たなプロセスで、優れたコンテンツあるいは新ジャンルとしての魅力を持つコンテンツが生まれています。不特定多数の協力者が合作した曲がヒットしたり、その「歌い手」としてサイバー空間で活躍する架空のアイドルが登場したりすると、それはビジネスモデルとしての革命だというわけです。文学においても、同じくインターネットを活用して本当に優れた作品がどんどん生み出されるようになれば、それは新しい時代の幕開けかもしれません。誰にでも、頼りになる不特定多数の協力者がいるのかもしれません。

ソフトウェア産業ではもはや革命ではない

第三の産業革命は、ＩＣＴ関連産業とくにソフトウェア産業においても同じインパクトを与えるでしょうか。過去を振り返れば、今ほどは一般にインターネットが普及していなかった一九九〇年代ですら、大学の研究室などで用いるユーティリティ・ソフトウェア（お役立ちソフトウェア）やちょっとした管理ツールなどには、不特定の有志の協力で開発あるいは重要な改善がなされたものが少なからずありました。アイデアを誰がどのように提供したかまで辿ると、インターネット上の掲示板はすでに相当活用されており、実にフレキシブルな協働がなされていました。「アイデアの合わせ技という意味では合作である」というパターンもあれば、「誰かがつくって、見ず知らずの他人が想定外の面白い使い方やアレンジを発見する」というパターンもありました。インターネット上で盛り上がると展開が速くなりがちであるのは、今と同様でした。ですから、単にインターネットの活用や不特定多数の関与、あるいは迅速さというだけでは、もはや必ずしも革命とはいえません。

活躍する人材のバラエティという観点でも、一九九〇年代当時から、「大学関係者ではあったけれども専門がＩＣＴではない人」や「大学とも企業とも無関係な、まったくの一般市民でありながら、インパクトのあるソフトウェアの開発に貢献した人」は、沢山いたといわれています。

二　攻撃者の革命

ソフトウェアの利用と影響

サイバーセキュリティがクローズアップされる時代になって起こった顕著な変化は、ソフトウェアの利用が他人や外部に与える影響です。以前は、粗悪なソフトウェアを使ったりソフトウェアの設定を誤ったりしても、たとえばうまく印刷できないなど、たいていはローカルな影響にとどまっていました。しかし、現在は、脆弱性のあるソフトウェアを使ったり設定が甘かったりしたためにインシデントを起こし、その影響が外部にまで及ぶことが珍しくありません。そのようなインシデントは、おおむねミスによるインシデントです。

一方、そのソフトウェアを使うこと自体がもはや攻撃である、という攻撃ツールの場合には、事態はより深刻です。使ってみたら、粗悪どころか精密につくられたマルウェアだった、という場合もあるわけです。扇動の効果や、流行が流行を呼ぶ効果によって利用がエスカレートすれば、一つのインシデントでは済まされない大騒ぎにもなりかねません。

サイバー空間と実空間による拡大

多様化する情報通信機器とネットワーク環境においては、新たなサービスやビジネスの登場が経済成長の重要なエンジンになっています。それらは、技術的脅威や社会的脅威を踏まえた評価を十分検討せず展開される傾向にあります。一方、攻撃者側は、それらの新たなサービスやビジネスを自分たちの立場ですかさず分析し、サイバー空間におけるソフトウェアの動作と実空間におけるサービスのフローを巧みに組み合わせて、新たな脅威を生み出します。防御者ではなく攻撃者が先に分析評価する、という事態です。

たとえば近年、事業者がお得意様に利用実績に応じたポイントやマイルを付与して、さまざまな特典を提供するロイヤルティ・プログラム（ＬＰ）が、拡大する傾向にあります。ホテルチェーン、航空会社、オンラインショッピングモール、家電量販店、クレジットカード会社、ガソリンスタンド、スーパーマーケット、百貨店、コンビニエンスストアなど、実にさまざまな業種でＬＰが導入されています。そして、異なるＬＰの間でポイントやマイルの交換ができるようにするなどして、複数のＬＰ運営者が連携する例が増えています。しかし、ＬＰの運営者がほかのＬＰとの連携を考えるときに、その連携がもたらす脅威を十分分析しているわけではないようです。実際、連携しているＬＰの間で、ユーザ認証の安全性や会員登録プロセスの厳格さはまちまちです。それぞれのＬＰ内でのサービスに潜む脆弱性もさまざまであり、最弱リンクでは攻撃者が捕捉や追跡を逃れやすくなっています（第2章参照）。これらを認識した攻撃者によるインシデントが次々と報告されているのは、残念なことです。攻撃者に乗っ取られなければ、それぞれ別人のアカウントであったはずのものが同時に悪用されたインシデントが少なからずあり、その意味で、不特定多数の協働としての性格を持っています。

攻撃者の意図した悪影響が、サイバー空間と実空間の両方を通して拡大し、サイバー空間と実空間が絡んでインシデントにつながる不特定多数の協働がなされるパターンは、攻撃者にとって大変生産性の高いものです。新たな攻撃技術の技術革新を自ら起こすというよりも、評価するプロセスに力を入れ、しかも弱いものをつぶすという楽な道を選ぶことができます。

要するに、攻撃者の生産性は、革命的に向上しています。

せめてイタチごっこをめざせ

サイバーセキュリティでは、「攻撃する側と守る側のイタチごっこだ」と揶揄《やゆ》する声を耳にすることがあります。「新しい攻撃が登場したので対策を講じました。しかし、またそれが破られたので、さらに対策を考えました」という繰り返しがひたすら続いているのではないか、という批判です。かりに批判が当たっているとすると、逆にいえば、守る側が優位に立っている期間が存在することになります（図6－1）。

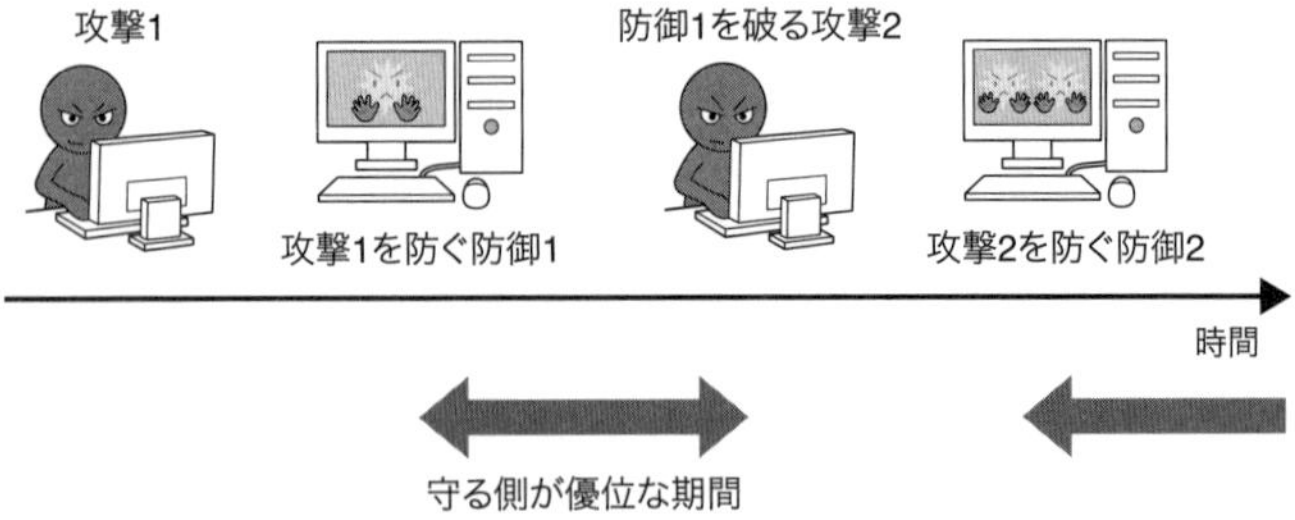

図6－1　サイバーセキュリティのイタチごっこ

実際のサイバー空間では、もっと悩ましいことが起きています。研究者やセキュリティ関連会社などの、守る側の専門家が用意した最新の防御手法や運用方式を、世界中のシステムがすぐに有効に利用しているでしょうか。残念ながら、そこには大きなタイムラグがあります。

一つの原因は、サイバーセキュリティに限らずいかなる分野にも見られることです。それは、研究成果から実用化までに時間がかかることです。

もう一つ、サイバーセキュリティに特徴的な原因は、要素技術の基本的な性質がシステムでは一般には保たれない、ということです。たとえば、鍵共有プロトコルに関する議論で見たフォワード・セキュリティという性質があります。一般には、あるサイバーセキュリティ技術で利用している秘密鍵などの秘密情報が漏洩しても、その秘密情報を用いてすでに過去にやり取りし完結した事柄にまでは漏洩の影響が及ばない、という性質です。ところが実際には、「その漏洩を引き起こす能力を持つ攻撃者ならば、システムのほかの要素に対しても可能な別の攻撃があり、最終的に

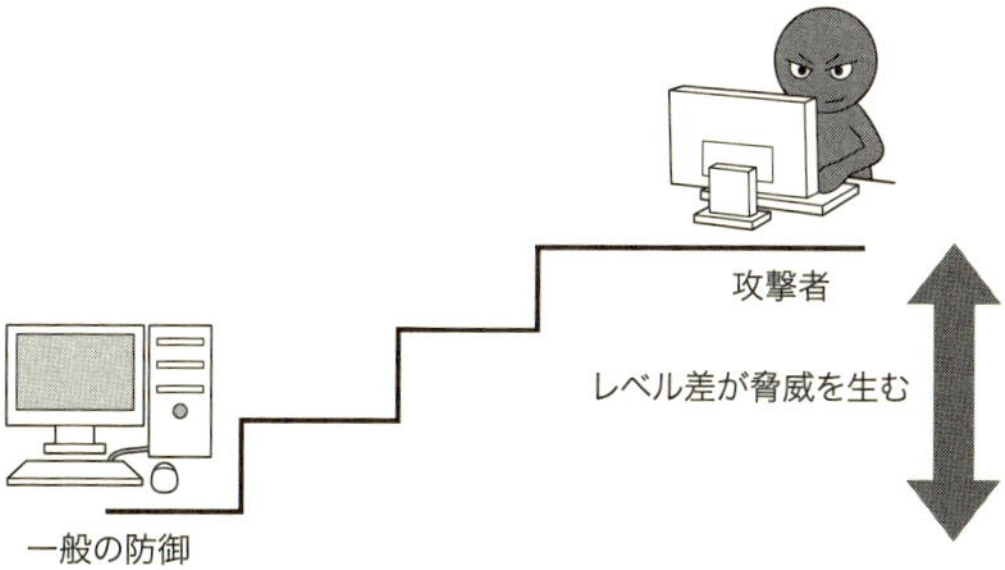

図6－2　サイバーセキュリティにおける攻撃者のレベルと一般の防御レベル
広く普及しているシステムの多くが、最先端に追随する攻撃者やその真似をする攻撃者のレベルよりも低いレベルの防御しか備えていない。

はフォワード・セキュリティまで侵してしまう」という問題に阻まれる場合があります。実用化が抱える一般的な傾向と同じように思われるかもしれませんが、問題を克服するために要素技術とその評価手法の両方でイノベーションが必要になれば、ゼロから再出発するのと、きわめて近い状況になってしまいます。PDCAサイクルを最初から（第一回目のサイクルから）やり直すという事態が度重なれば、それは、そもそもサイクルになっていないという意味で、きわめて深刻です。

もちろん攻撃者側も、すべての攻撃者が最先端に追随しているわけではありません。しかし、追随している攻撃者の影響が迅速に広く及ぶことをサイバー空間が助けています。結果として、広く普及しているシステムの多くが、攻撃者のレベルよりも低いレベルの防御しか備えていないという事態になります（図6－2）。つまり、守る側が優位に立っている期間が存在しないことになります。

私たちは、防御者側の生産性を革命的に向上させ、せめてイタチごっこを実現しなければなりません。

三　防御者の革命

防御者はインターネットの恩恵を受けているか

サイバーセキュリティにおいては、要素技術の性質がシステムでは一般には保たれないので、インターネットの普及だけでは革命が起きません。

もっとも、暗号技術においては、要素技術を具体的なアルゴリズムではなくブラックボックス化したモデルとして捉え、それらを利用したより高機能な技術の一般的構成法を考えることにより、防御者の生産性を高められる場合があります。たとえば、第3章で見たハッシュ関数の例のように帰着に基づく証明可能安全性を持つ技術では、解析や設計の努力を部品に集中させることにより、生産性は高まります。しかし経験的には、その効果は研究者の間での直接的あるいは間接的な協働の範囲にとどまっています。ましてやサイバーセキュリティ全般では、インターネットを活用して生産性向上の革命が起きているとまではいえません。

防御者革命と到達度

「ディフェンダー・ムーブメント（防御者革命）」とは、この現状を打破するために、サイバ

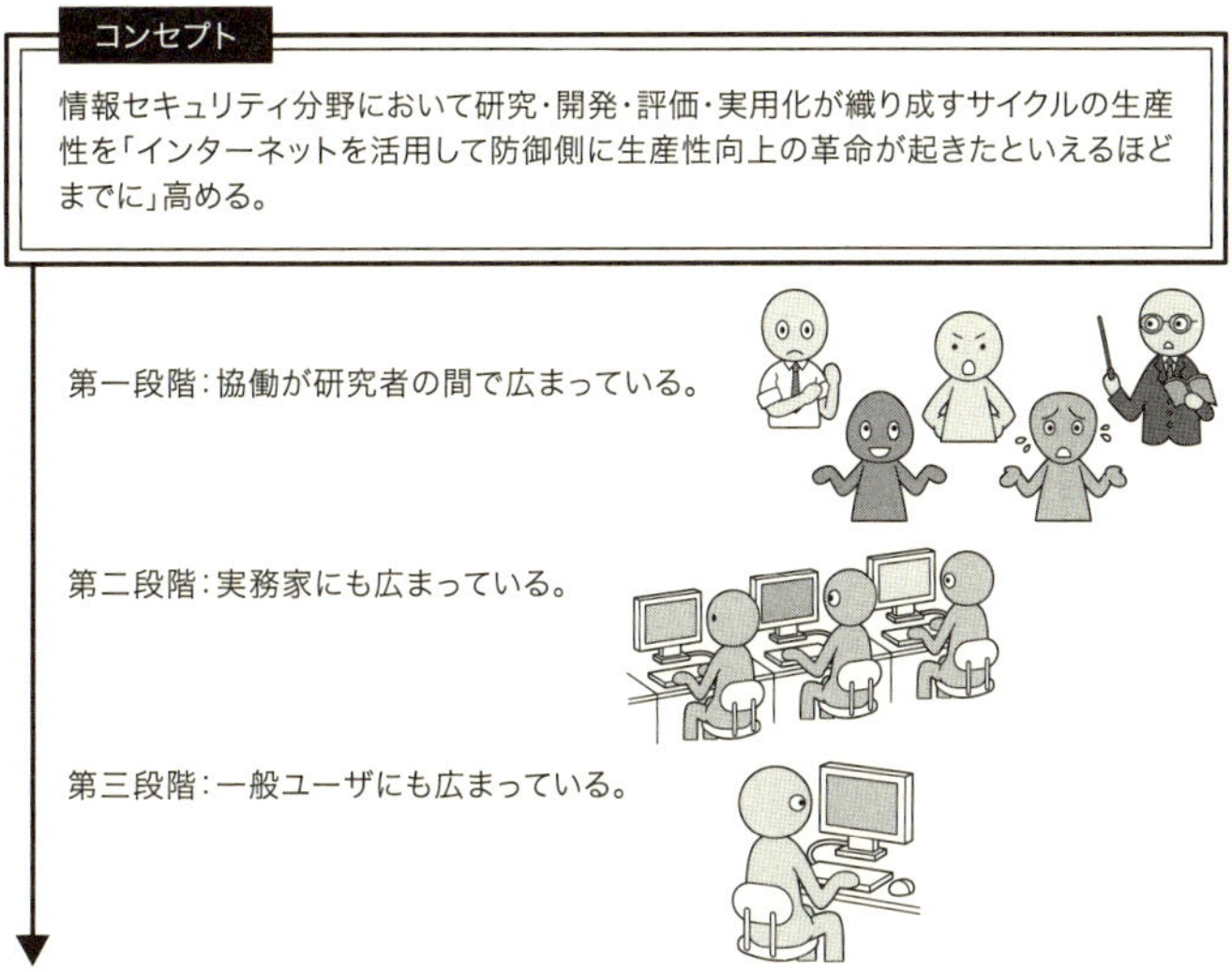
コンセプト
情報セキュリティ分野において研究・開発・評価・実用化が織り成すサイクルの生産性を「インターネットを活用して防御側に生産性向上の革命が起きたといえるほどまでに」高める。
第一段階：協働が研究者の間で広まっている。
第二段階：実務家にも広まっている。
第三段階：一般ユーザにも広まっている。

図6-3　防御者革命とその三つの段階

インターネットとサイバー空間の特徴を利用して生産性を革命的に高めている攻撃者に対抗するためには、防御者側にも革命的な生産性の向上が必要である。

ーセキュリティとその関連分野の英知を総動員し、研究・開発・実用化が織り成すPDCAサイクルの生産性を「インターネットを活用して生産性向上の革命が起きたといえるほどまでに」高める変革のことをいいます。防御者革命は、コンセプトです。壮大過ぎて関係者が身構えてしまうと、実現が覚束《おぼつか》なくなります。実現性を高めるためには、一つ一つの段が高過ぎることも低過ぎることもない適切な到達段階を設定し、わかりやすく提示することが効果的です。本書では、防御者革命の到達度として、三つの段階を考えます（図6-3）。

第一段階は、直接的あるいは間接

的な協働が研究者の間で広まっている状態です。大学や公的研究機関だけでなく企業の研究者も含めて国内学会の活動が盛んなわが国では、防御者革命の第一段階を達成する素地は、すでに十分整っているでしょう。そして、実務家も含めて広まれば第二段階、一般ユーザも含めて広まれば第三段階です。第二段階や第三段階の目安は、実務家や一般ユーザの関与の仕方が能動的で創造的になることです。たとえば、実務家の場合、事例研究のヒアリングに応対したり、経済産業省の情報処理実態調査のような統計調査に回答したりするだけでなく、自ら主体的に情報共有の枠組みづくりや運用改善、あるいは人材育成に関与することなどが考えられます。また一般ユーザの場合、単に被験者として研究に協力したり、アンケート調査に回答したりするだけでなく、自ら主体的にユーザブル・セキュリティのアイデアを提案したりサイバー空間の自警団的パトロールを行ったりすることが考えられます。いずれの場合も、実現するための技術的課題を克服するだけでなく、関与者の動機付けや社会的合理性などに関する配慮を、科学的に行う制度設計も行う必要があります。

防御者革命のさきがけ

暗号技術では、証明可能安全性がある程度普及し、そのアプローチが及ばない要素技術に関しても体系的な評価手法のイノベーションを迅速に実システムに展開する枠組みが整備されてきました。その定着ぶりを示す一つの証拠は、製品検証です。製品検証は、ベースにある評価体系が実システムでも相当程度に通用しなければ成り立たない制度だからです。

たとえば、わが国では、二〇〇〇年に創設された「CRYPTREC（Cryptography Research and Evaluation Committees：暗号技術検討会、暗号技術評価委員会等の略で、その後、プロジェクト名や関連活動の総称としても使われている呼び名）」が世界でも手本となる成果を出してきました。創設当初の目的は電子政府に利用可能な暗号技術のリスト（電子政府推奨暗号リスト）を提示することでしたが、暗号技術標準化全体への貢献や暗号技術に対する信頼感の醸成により、少なくとも暗号分野において防御者革命の役割を果たし、「JCMVP（Japan Cryptographic Module Validation Program：日本版暗号モジュール試験及び認証制度）」という製品検証が実運用されるに至っています。JCMVPでは、電子政府推奨暗号リストなどに記載されている機能を実装した暗号モジュールで保護が適切に行われていることを、第三者が組織的に試験及び認証します。暗号モジュールとしてはハードウェア実装もソフトウェア実装も扱い、利用者が実際の暗号モジュールの機能などに関する正確で詳細な情報を把握できるようにするための製品検証制度として運用されています。

CRYPTRECの基本的な進め方は、暗号技術を公募し、その技術評価を実施し、電子政府推奨暗号リストを作成あるいは更新するという標準化に似たプロセスです。単に標準化といえば平凡に聞こえるかもしれませんが、特筆すべきことがいくつかあります。とりわけ重要なことは、高い技術レベルで活動の公平性と透明性を確保してきたこと、しかも、大変迅速であったことです。リスクコミュニケーション、広報・啓発や国際標準と整合させるためのさまざまな連携にまで目を向ければ、インターネットを活用できる時代だからこそできたという側面が少なからずあります。実際、国際的にも高い評価を受けています。防御者革命のさきがけであり、少なくとも革命の第一段階を実践しているといえます。

惜しむらくは、電子政府推奨暗号が出発点でありながら、政府におけるCRYPTRECの位置付けがまだ十分高くありません。実効性の問題を生じるリスクもありますので、改善が望まれます。公共の福祉に叶うならば、リスペクトをためらう理由はありません。

高機能暗号と高機能電子署名

暗号技術が、防御者革命のさきがけといえるものを経て成熟段階に入ると、アプリケーションのレベルでも革命への貢献が期待されます。技術的には、「高機能暗号」と総称されるものが注目されます。高機能暗号とは、単に平文を暗号化して秘匿機能を実現するだけでなく、ほかの付加的な機能やきめ細かな制御を実現する暗号技術です。たとえば、キーワード検索可能暗号という技術では、送信者と受信者の間に介在する中継者に特別な権限を与えます。中継者は、暗号文を平文に復号することはできませんが、平文が指定されたキーワードを含むかどうかを検査することができます。暗号文のままで平文内のキーワード検索を行い、結果に応じて転送先の振り分けを行うことができるわけです（図6－4）。

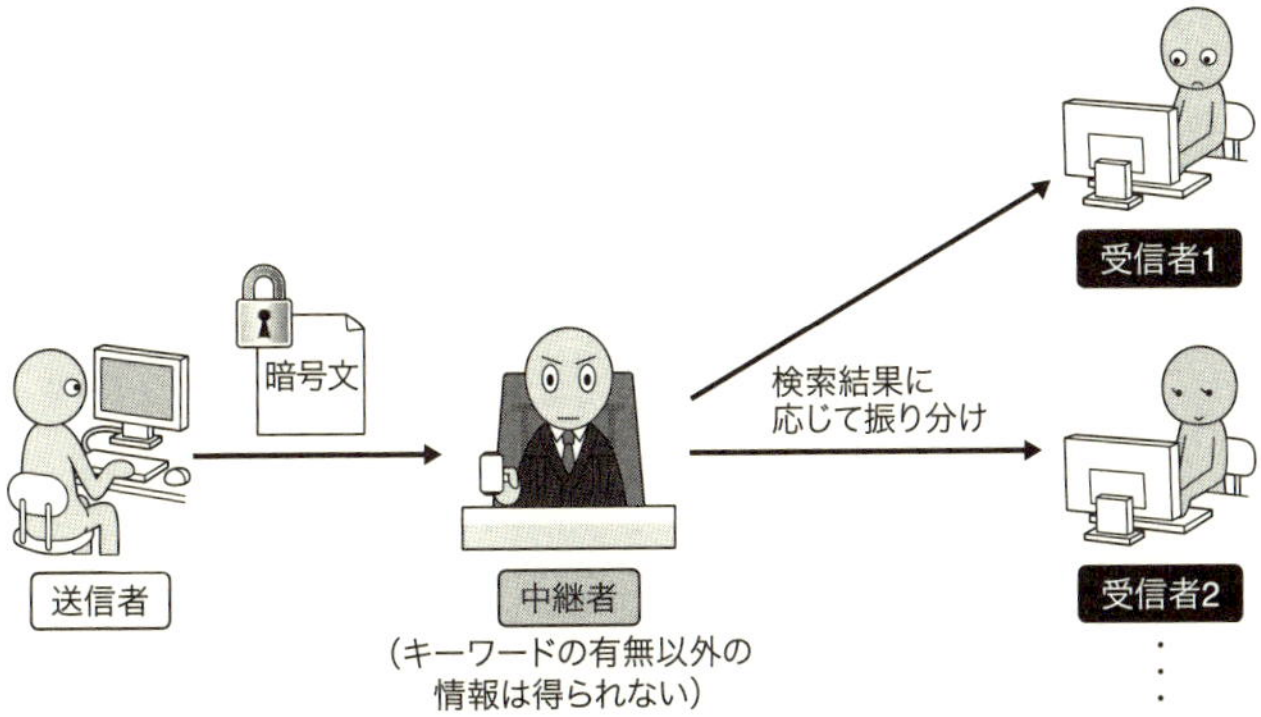

図6－4　キーワード検索可能暗号

高機能暗号には、基本的な共通鍵暗号や公開鍵暗号と比べて、使われる鍵の種類が増えるものがあります。たとえば、「代理人再暗号化可能暗号（代理再暗号化）」では、受信者Aが再暗号化鍵という鍵を中継者にあらかじめ届けておきます。受信者Aの留守中に暗号文が届くと、中継者は代理人として動作し、暗号文を別の受信者B（たとえば、本来の受信者Aである社長の秘書）が復号できるものに変換して受信者Bへ転送します。受信者Bは、自分の秘密鍵で復号して平文を得ることができます（図6－5）。これらの鍵の間には、複雑な数学的関係があり、証明可能安全性を支えています。

同様に、単に文書に対する電子署名を生成しその第三者検証を可能にするだけでなく、ほかの付加的な機能やきめ細かな制御を実現する電子署名を、「高機能電子署名」と総称します。たとえば、「ブラインド電子署名（ブラインド署名）」という技術では、署名生成者は文書の中身を見ずに署名します。封筒に入ったカーボン複写式

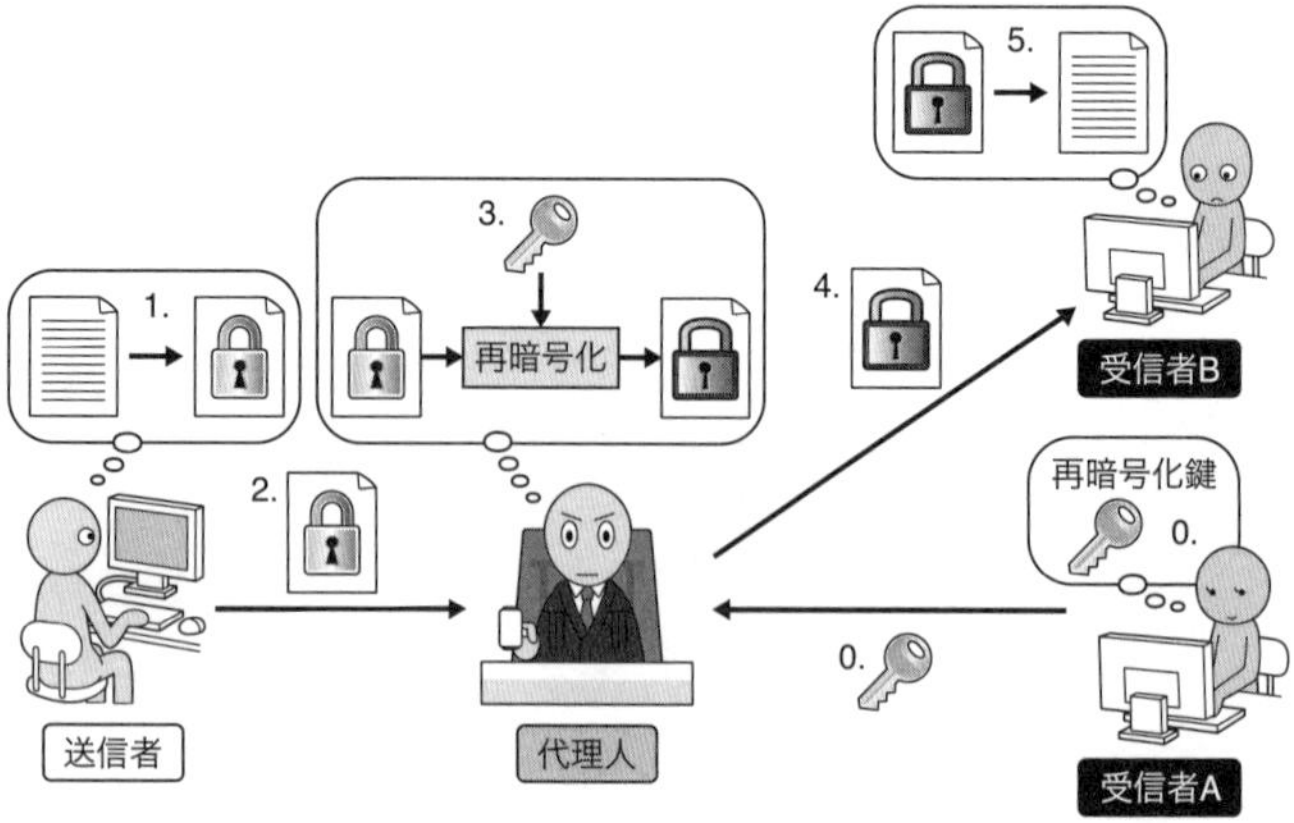

図6－5　代理人再暗号化可能暗号

受信者Aは、あらかじめ再暗号化鍵を中継者（代理人）へ届けておく（0）。送信者がA宛てに暗号化して（1）、送信した暗号文（2）がAの留守中に届いたら、代理人は中身を見ず再暗号化鍵で別の暗号文に変換して（3）、受信者Bへ送信する（4）。Bは、自分の秘密鍵で復号できる（5）。

の書類に対して、封筒の上から署名するようなものです。投票用紙に何が記入されたかを見なくても投票用紙を入れた封筒の上から署名できるため、また、通帳の内容を見なくても通帳の外側から署名できるため、ある種の電子投票システムや電子マネー方式を構成するときにブラインド署名は役立ちます。また、墨塗り可能電子署名という技術では、電子署名を生成したあとで、文書の一部が見えないようにしても（墨塗りしても）、署名検証によって文書全体の完全性を検証できます（図6－6）。墨塗り可能電子署名によって、電子文書の情報開示請求に応じる際の制度的選択肢が増えるでしょう。

クラウド・コンピューティングを利用したシステム、すなわち、インターネットを

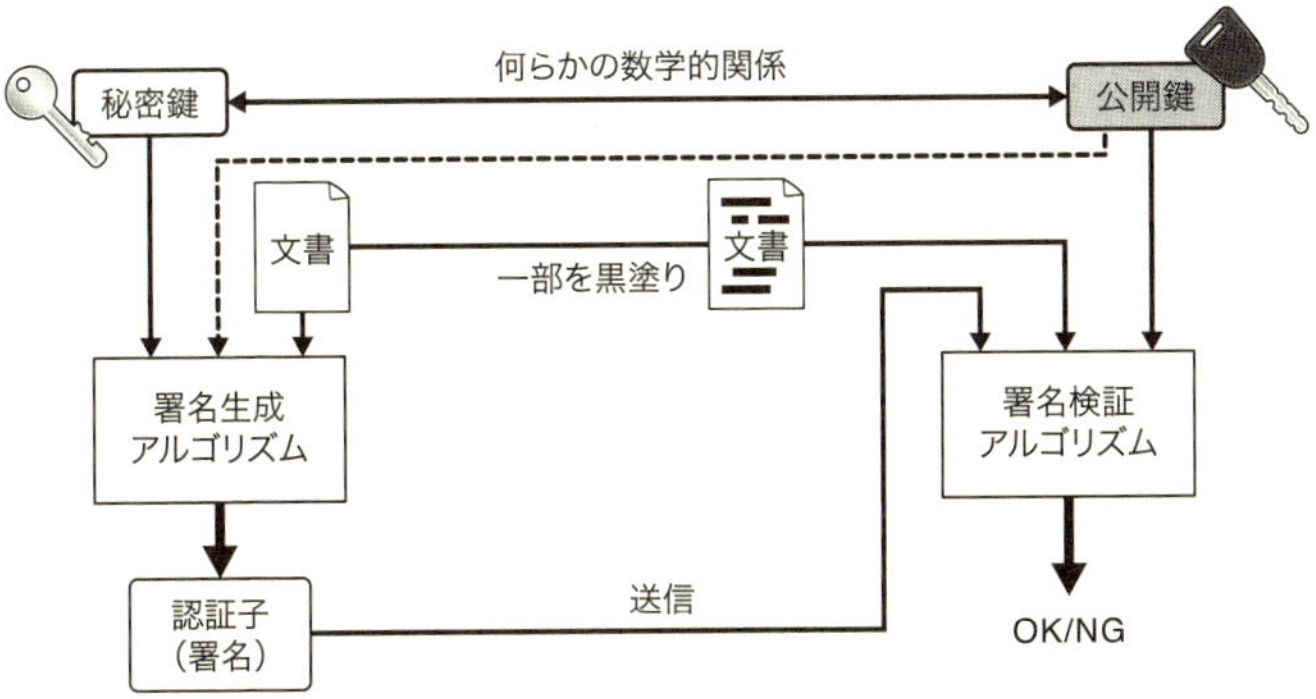

図６－６　墨塗り可能電子署名

さまざまな属性情報がひとまとまりのデータとして電子署名されて保管されている場合に、情報公開に相応しくない一部の属性を墨塗りで隠して公開しても、閲覧者が完全性を検証できる。何が情報公開に相応しくないかを定める制度が後年になって変化しても、情報公開に対応できる。

介して遠隔地にあるサーバなどへ処理を委託することを多用するシステムが普及すれば、多くの高機能暗号や高機能電子署名の応用シナリオが現れます。標準化プラスアルファの、防御者革命といえる活動で健全な普及を推進すれば、インパクトが大きいでしょう。また、防御者革命のためにさまざまな関与者がインターネットを介して協働する場合、高機能暗号や高機能電子署名は、協働のプラットフォームにおけるツールとしても有望です。

ただし、これまでのところ、高機能暗号や高機能電子署名には「それだけのために新たな鍵基盤を構築し運用するのか」「ウェブブラウザの暗号通信モードで、信頼できる第三者機関にアクセスすれば十分ではないか」などの悩みがあり、必ずしも広く利用されるには至っていません。希望的観測かもしれませんが、防御者革命のプラットフォーム、より一般には、インターネット上の協働プラットフォームという特定用途ならば、悩みをある程度克服できる可能性があります。ただし、匿名通信システムとして普及しているトアにおいて専用ブラウザへの組み込みが功を奏したように、革命の第三段階を見据えて幅広いユーザ層に使ってもらうためには、ユーザブル・セキュリティに配慮した実装が必要でしょう。

マルウェア対策研究用データの共有

研究・開発・実用化が織り成すＰＤＣＡサイクルの生産性を高めるためには、研究者の育成が重要です。ところが、マルウェア対策研究の分野は専門性が高く、十分な品質の研究用データを入手して修行できる研究者は限られていました。これでは、研究者がなかなか増えません。また、マルウェア検体が悪用されるリスクもあるため、質の高い研究用データの共有は困難でした。これでは、研究成果の科学的な比較評価が困難で、研究分野発展の妨げになります。さらに、外部性の問題も考えると、質の高いマルウェア対策研究用データの共有は大きな課題でした。

わが国では、課題の重大さに気付いた有志によって、質の高いデータを供給できる公的な取り組みが存在しているタイミングで、マルウェア対策研究用データの共有活動が二〇〇八年に始められました。研究成果の共有と研究者が切磋琢磨する環境の確保が重視され、成果発表のワークショップ（マルウェア対策研究人材育成ワークショップ）およびデータ解析競技会が定着し、現在では情報処理学会コンピュータセキュリティ研究会のもとでの定常的な活動となっています。これらは、ワークショップの名称をとって、ＭＷＳと総称されています。国際化すること、あるいは、国際競争力を明らかにすることという課題が残っていますが、防御者革命への手がかりにはなっているといえるでしょう。とくに、ＭＷＳが始まる以前はほとんど学会に関与しなかった実務家を少なからず集めていることから、革命の第二段階へ到達するための知見を得る優れた事例として期待されます。

実務用データの共有と研究用データの共有

外部性の問題という困難はあるものの、通信会社やセキュリティベンダーなどによるサイバーセキュリティ実務用のデータ共有には、研究用データの共有よりも長い歴史があり、ベスト・プラクティスが蓄積されています。両者を比較することによって、防御者革命へのさらなる手がかりが得られる可能性があります。ここでは、異なる関与者の立場から比較考察してみましょう。

まず、データ提供者は誰かを考えます。どちらのデータ共有でも、スキルの高い人や組織に頼ることになります。サイバーセキュリティの公共性から、社会的責任感（あるいは広報効果への期待感）として、提供者のインセンティブはけっして小さくはないでしょう。しかし、特別な制度がない限り利益には直結せず、また、外部性の問題もあるので、インセンティブが大きいともいえないでしょう。以上、どちらのデータ共有の場合にもほぼ同様の見立てとなりますので、提供者に着目して研究用データ共有の問題を考える際にも、実務用データ共有で経験的に得られている知見が有効でしょう。たとえば、実作業に携わる人員の成長がインセンティブの好循環をもたらすような仕組みは、考える価値がありそうです。

次に、データの一次利用者（共有データを最初に直接利用する人）を考えます。実務用データ共有の場合には、専門の事業者ら、すなわちデータ提供者並みに高いスキルの人や組織を想定することができます。一方、研究用データ共有の場合には、専門外ではないけれども、データ提供者ほどのスキルではない一次利用者（たとえば研究を始めたばかりの学生）も想定する必要があります。技術的スキルだけでなく、問題発生時の対応あるいは問題発生の予防に関する責任能力など、管理のスキルも高くはありません。しかしながらデータを利用するインセンティブは高いので、実務用データ共有とは異なる制度を工夫するなどして、環境を整備する必要があります。研究用データ共有と学会の相性がよい背景には、単に研究だからというだけではなく、このように構造的な理由もありそうです。

最後に、データの二次利用者（共有データを間接的に利用する人や、あとから参照する人）を考えます。実務用データ共有の場合には、セキュリティソフトウェアの自動更新機能などを通じて、幅広く一般ユーザにまで二次利用者が広がっています。データを共有したベンダーが一次利用者として自動更新用ファイルなどにデータを反映させ、それを一般ユーザが二次利用者としてダウンロードするというパターンです。よって、一次利用者の場合とは異なる分析が必要でしょう。ここではユーザブル・セキュリティの視点が欠かせません。一方、研究用データ共有の場合には、一次利用者がそのデータを使った論文と比較するために関連研究の評価実験を追試する研究者や学生など、一次利用者と基本的には同様の二次利用者が想定されます。両者が同じ枠組みの中で活動し相乗効果もあるように、具体的なワークショップや競技会を切磋琢磨の場として提供する意義は大きそうです。

防御者革命の芽は、すでに存在します。それに気付くことが芽を育て、異なる種類の種をまくきっかけとなるでしょう。

第7章

コストか投資か

差し迫った問題から将来起こりうる問題まで含めて、サイバーセキュリティ関係者は社会を支えるという自覚と誇りを持って対策に取り組むべきです。日常生活におけるサイバー空間と実空間の融合は、地球に暮らすみながこの「サイバーセキュリティ関係者」である時代をもたらします。どうすれば、嫌々ではなく前向きに取り組むことができるのでしょうか。

一　地球のために

サイバーセキュリティと持続可能性

私たちの日常生活は、もはや、サイバー空間なしでは語れない状況にあります。したがって、サイバーセキュリティが致命的な問題を起こし、二度とサイバー空間を利用できないようになるという事態は、人々にまず受け入れられないでしょう。地球上の至る所で、大混乱になります。先進国だけではありません。信頼できる検針員を揃えるよりも、自動的にインターネットで電力メータの情報を集めるシステムを導入するほうが低コストだから、という理由で、最初からＩＣＴ化の進んだインフラを導入しようとする国もあります。経済発展の次の段階として株式市場や高等教育などを考えたとき、ICT依存度はますます高まることが予想されます。サイバー空間依存度の高い社会において、いや、地球において、サイバーセキュリティには持続可能性（サスティナビリティ）が求められるのです。

地球環境問題は、基本的に、実空間の問題です。持続可能性のある社会へ向けて克服すべき重要課題として、さまざまな取り組みがなされています。実空間の問題ではありますが、人々の行動原理を考えれば、サイバーセキュリティの問題との共通項が少なからず見られます。たとえば、外部性の問題には、共通点が多いことがわかっています。したがって、環境分野において実績のある内部化の取り組みや制度は、サイバーセキュリティの観点でのサステイナビリティを追求するうえで参考になるでしょう。

環境分野における内部化の例として、環境税の考え方があります。ある工場の廃液によって周辺の農場が五〇〇万円の被害を受けたとします。工場が廃液を浄化する設備を導入するためには二〇〇万円の費用がかかるとします。経済全体としては、浄化設備を設置したほうが利益は上がります。しかし、工場経営者と農場経営者が別人である場合、そのように全体として最適な方向へは進みません。しかも、浄化設備を設置しない場合、工場は低コストで商品を生産し低価格で供給できますので、廃液汚染という不経済性を考慮しない過剰供給へと向かうことになります。そこで、政府が工場から廃液税を二〇〇万円取り、浄化設備を設置したとします。内部化を進めると、工場からの商品供給量は廃液汚染を考慮した最適な状態へと向かいます。

めることによって、経済的に考慮された資源配分と生産が行われるようになるわけです。

サイバーセキュリティにおいては、「取り組みが甘いことが周囲にどの程度迷惑か」という指標を定義し定量化することは困難です。しかし、ISMSなどからわかるように、取り組みのレベルをある程度定量化することは可能です。さまざまな関与者が安定して全体最適化の方向へ進むようなサイバーセキュリティへの積極的な取り組みを続けることが、サスティナブルなサイバー空間への道だとすれば、内部化のための制度導入は現在よりももっと積極的に議論されてしかるべきでしょう。

取り組むことではなく取り組まないことがコスト要因

環境分野における内部化の事例がもたらす教訓の一つは、課題に取り組むことがコスト要因に見える状態から、課題に取り組まないことがコスト要因に見える状態への変換が重要だ、ということです。サイバーセキュリティにおいては、課題に取り組むことと取り組まないことのどちらがコスト要因となっているでしょうか。

かりに、顧客の個人情報が漏洩するインシデントが起きたときに、顧客は個人情報を悪用されて被害を受けたけれども、漏洩元の企業に被害はなかったとします。そして、個人情報漏洩対策として防御システムを増強するためには、やや大きなコストがかかるとします。この状況は、環境分野において内部化がされる前に似ています。しかし、近年のインシデントのいくつかがそうであるように、顧客の直接の被害はあまり確認されず、むしろ漏洩元の企業に顧客離れや株価下落、ブランド価値低下、そして謝罪対応コストの被害があるとしたらどうでしょうか。一見、環境分野よりも恵まれているかのように思えます。すなわち、特別な制度を考えて導入しなくても、企業が全体最適化の方向へ向かう努力を自然にするのではないか、という期待を持てるかもしれません。

サイバーセキュリティ経済学と心理学

しかし現実には、それまで大きなインシデントで懲らしめられていなかった企業や組織が、取り組みの甘さから招いたインシデントが続出しています。なぜでしょうか。一つの説明は、「依然として、サイバーセキュリティに取り組まないことではなく、取り組むことがコスト要因と誤って見なされている」という説明です。言い換えれば、サイバーセキュリティの問題を考えるとき、必ずしもすべての関与者が経済学的に合理的な行動を取るわけではない、ということです。情報セキュリティ経済学で取り組まれてきた研究の二つのパターンのうち、

●情報セキュリティに関するある問題の発生要因が「経済学的最適戦略が直感に反し、人々がそれに従わないこと」にある。この事実を科学的に説明し、直感を正させる。

というパターンの研究を、サイバーセキュリティ経済学として積極的に進める必要があるでしょう（第5章参照）。そのためには、心理学的なアプローチも重要になるでしょう。そして最終的には、「サイバーセキュリティへの取り組みが、コストではなく投資だ」という意識を根付かせるための研究が求められるでしょう。

二　イノベーション

次世代個人認証技術の魅力

サイバーセキュリティにおいて、技術革新の源泉は、面白い技術のアイデアを思いついてその利用シナリオを無理矢理考えることではなく、よい課題に取り組むことです。この観点で、防御者革命の第三段階へ向けて取り組むことが望まれる課題の一つは、「次世代個人認証技術」です。個人認証技術は、専門家であれ一般ユーザであれ、ICT依存度の高いシステムを利用するときに最初に触れる技術です。そして、多くのインシデントが、個人認証技術が破られたことや、個人認証を破る際に役立つ可能性のある情報が狙われたことによって発生しています。よって、個人認証技術に技術革新があった場合のインパクトは大きいと予想されます。研究者、実務家、一般ユーザのみなが一致団結して取り組む課題として、動機付けの点でも適しているでしょう。

個人認証技術の体系的な理解

次世代個人認証技術をめざす以上は、従来の個人認証技術とその課題や発展性をよく知っておく必要があります。ここでは、できるだけ体系的な理解を試みましょう。

個人認証技術は、たいてい、以下の五つに分類できます。

- 知識や記憶に基づく認証（例：パスワード）
- 持ち物に基づく認証（例：秘密鍵を格納したＩＣカード）
- 本人固有の特徴に基づく認証（例：指紋などの生体認証）
- 実空間あるいはサイバー空間における行動（本人固有とまではいえない行動的特徴）に基づく認証（例：歩き方の特徴による認証）
- 上記の組み合わせ（フュージョン）

また、個人認証技術の使い方として、狭い意味の認証（authentication）と同定（identification）の二種類があります。個人認証を申請する主体（一般には、ユーザ）を証明者、その申請を受け入れるか拒絶するかを決める主体（一般には、システム）を検証者と呼びます。認証では、証明者が自分は誰かという主張（ＩＤまたはそれに相当する情報）を添えて個人認証に臨み、検証者はそれに対してＯＫ（受け入れ）かＮＧ（拒絶）かを判定します。同定では、証明者は自分は誰かという主張を添えずに個人認証に臨み、検証者はそれに対してOK（受け入れ）かNG（拒絶）かを判定するとともに、OKの場合にはどのユーザとして受け入れるかを決定します。

さまざまな個人認証技術には、それぞれ特徴があり、必ずしもどれがもっとも優れていると決められる状況ではありません。比較する際のおもな着眼点は、以下のとおりです。

- 記録しやすいか？
- 他人へ伝えやすいか？
- 更新しやすいか？
- 手順を覚えやすいか？
- 認証にも同定にも使えるか？
- 精度を調整しやすいか？
- 安全性を調整しやすいか？
- セッション鍵共有（認証後の安全な通信）と連動させやすいか？
- 異常対応のための復帰プロトコル（バックアップ認証）を構築しやすいか？
- 管理ポリシーを強制しやすいか？
- 多種多様なシステムに適用できる汎用性は高いか？

ＩＤとパスワードによる個人認証を諸悪の根源のように批判する声も少なくありませんが、実際には、この批判は必ずしも当たっていません。実際、パスワード認証に関して先の着眼点に対する答えを列挙すると、

- 記録しやすい。
- 他人へ伝えやすい。
- 更新しやすい。
- 手順を覚えやすい（きわめて多くのシステムで使われているので、そもそも手順を覚える必要がない）。
- 同定には使えない。
- 本人が正しい入力をしたときの受け入れ率という意味での精度は一〇〇パーセント。
- 長さや複雑さの強制（登録時のチェックで基準を満たすまで登録を受け付けないなどの運用）によって安全性の調整が容易。
- セッション鍵共有と連動させやすい（パスワード認証付き鍵共有プロトコルとして証明可能安全性を満たす技術が数多く存在している）。
- パスワードを忘れたユーザに、登録済みの電子メールアドレスへ臨時パスワードを送ってそのユーザを救うなどのバックアップ認証（その電子メールアドレスのパスワード認証に通る

ことで認証していることに相当）を低コストで実現できる。
- 技術的には管理ポリシーを強制しやすい。
- 多種多様なシステムに適用でき汎用性が高い。

となります。少なくとも、ほかの個人認証技術と比べて劣る点ばかりではない（優れている点も少なくない）、といえます。

生体認証技術

パスワード認証とよく対比される生体認証技術に関して、先の着眼点で特徴をまとめると、以下のようになります。

- 記録しやすいか？　他人へ伝えやすいか？
  - ◆どの生体特徴かによって異なる。たとえば、指紋、声、顔は記録しやすい（指紋はモノに触っただけで簡単に残る）けれども、虹彩（目の角膜と水晶体の間にある薄い膜の模様）はユーザ自身では記録しにくい。
- 更新しやすいか？
  - ◆更新は困難。たとえば指紋の場合には、指が一〇本あるので、使う指を変えることもできるが、限界がある。また、どの生体特徴でも、最初から特徴量のすべてを使うことはせずに、更新するたびに未使用の特徴量に変更することは原理的にはできるが、精度や安全性とのトレードオフになる。

●手順を覚えやすいか？

◆覚えやすい。理想的な場合には、本人が手順を意識する必要がない。

●認証にも同定にも使えるか？

◆使える。生体認証分野では、認証を一対一認証、同定を一対N認証と呼ぶことが多い。

●精度を調整しやすいか？

◆現在の人間の特徴の範囲で、調整しやすい。ただし、人間が急速に進化するわけではないので、抽出できる情報量の上限が急速に向上することは考えにくい。また、ユーザビリティとのトレードオフがある。

●安全性を調整しやすいか？

◆精度とユーザビリティのトレードオフはよく研究されているが、安全性（他人が安直に自分の特徴量で個人認証を申請するのではなく、攻撃対象の生体特徴を偽造するなど工夫してくる場合の安全性）とユーザビリティのトレードオフは、必ずしもよく研究されていない。

●セッション鍵共有（認証後の安全な通信）と連動させやすいか？

◆試行ごとに揺らぎがあるので、連動させにくい。
●異常対応のための復帰プロトコル（バックアップ認証）を構築しやすいか？
◆要素技術としては困難だが、アプリケーションによっては容易。たとえば、出入国管理で指紋認証の自動化ゲートを利用する場合、指紋読み取りが乾燥などでうまく動作しないトラブルがあっても、すぐ横の有人ブースを利用することができる。
●管理ポリシーを強制しやすいか？
◆日常生活に深く関わるため、困難な場合が多い。たとえば、指紋を外で残さないように外出時に手袋の常時使用を義務付けることは事実上不可能。
●多種多様なシステムに適用できる汎用性は高いか？
◆特別なセンサーを必要とするので、パスワードほど多種多様なシステムへの適用は容易ではない。

これらの特徴を見ただけでも、とりわけフュージョンまで視野に入れれば、次世代個人認証技術はすぐに切り札となるソリューションが開発できるようなものではなく、まさに防御者革命の象徴的なミッションとして取り組むべきものだということがわかります。

生体認証技術の精度を計るROC曲線

生体認証技術におけるイノベーションとは何かを考えるときには、その精度を左右する「ROC（Receiver Operating Characteristic）曲線」という特性に着目するとよいでしょう。

生体認証では、まず、センサーから生体情報を収集します。その際、環境に左右され過ぎない安定性が必要です。また、生体情報をどのようなフォーマットでデータとして表現するかを、次の信号処理で処理しやすいように規定しなければなりません。次に、得られた生体情報を信号処理して、特徴量を抽出します。そして、抽出された特徴量を登録情報と比較して、類似度などのスコアを算出します。最後に、スコアをもとに、分類器で本人か否かを判定します。あるいは、登録ユーザの中でどのユーザであるかを決定します。類似度を経験的な閾値と比較するのがもっとも基本的な方法ですが、高度な機械学習を使う方法もあります。

経験的な閾値と比較する一対一認証では、閾値の設定次第で、本人拒否率と他人受入率のバランスが変わります。本人拒否率はFRR（False Rejection Rate）とも呼ばれ、証明者が本人であるにもかかわらず、システムがNGと判定してしまう確率のことです。他人受入率はFAR（False Acceptance Rate）とも呼ばれ、証明者が主張しているIDの本人とは異なる他人であるにもかかわらず、システムがOKと判定してしまう確率のことです。本人拒否率も他人受入率も低いほうがよいのですが、両者はトレードオフの関係にあります。横軸に本人拒否率、縦軸に他人受入率をとってこの特性を示した曲線が、ROC曲線です（図7-1）。同じ技術

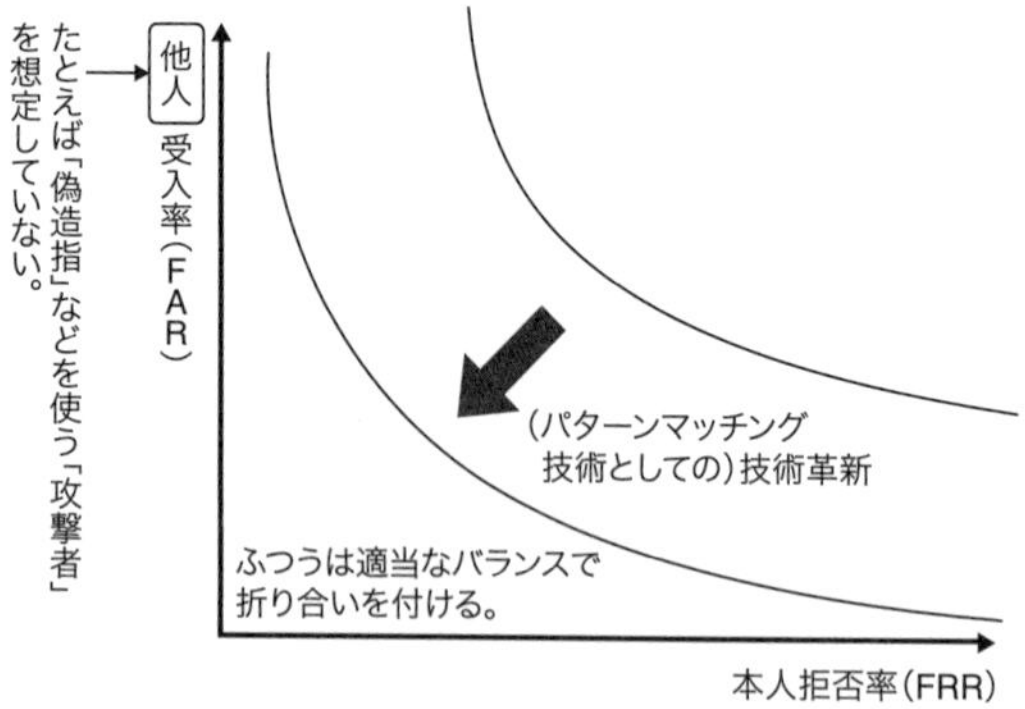

図 7－1　生体認証の ROC 曲線

本人拒否率（誤って本人を拒絶する確率）と他人受入率（誤って他人を受け入れる確率）はトレードオフの関係にある。同じ技術でも、閾値などの経験的なパラメータの設定を変更すれば、同じ ROC 曲線の上でどの点に合わせるかを調節できる。技術革新があれば、ROC 曲線そのものが原点寄りに移動する。

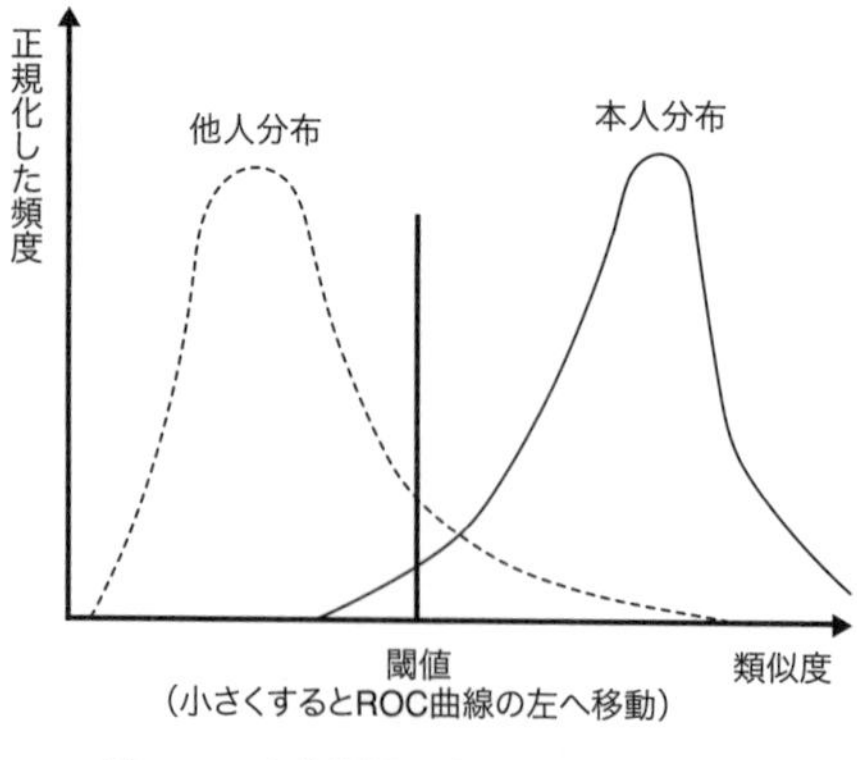

図 7－2　生体認証の本人分布と他人分布

でも、閾値などの経験的なパラメータの設定を変更すれば、同じROC曲線の上でどの点に合わせるかを調節できます。技術革新があれば、ROC曲線そのものが原点寄りに移動します。

証明者が本人の場合に、個人認証を申請する試行を繰り返し、得られた類似度の頻度分布をプロットしたものを「本人分布」と呼びます。また、証明者が他人の場合のそれを「他人分布」と呼びます。閾値を厳しくすると（大きくすると）他人受入率は下がりますが、本人拒否率は上がり、ROC曲線上を右へ移動します。逆に、閾値を甘くすると（小さくすると）本人拒否率は下がりますが、他人受入率は上がり、ROC曲線上を左へ移動します（図7－2）。これが、トレードオフのメカニズムです。

フュージョンの課題

パスワード認証と生体認証を見ただけでも、非常に特徴の異なる要素技術（個人認証技術では「モダリティ」と呼ぶことがあります）が存在していることがわかりました。今、私たちが限界を感じているのだとすれば、それを打破するために複数のモダリティを組み合わせるフュージョンを次世代個人認証技術として検討することが、一つの有力な案となります。

複数のモダリティのうち、どれか一つにでも合格すれば認証を受け入れるというフュージョンは、一番弱いモダリティを一つ破られただけで破綻しますので、安全性がきわめて低くなります。しかし、組み合わせたモダリティのすべてに合格しなければ駄目というフュージョンにしても、いくつかの大きな問題があります。

まず、バックアップ認証が難しいという問題があります。たとえば、パスワード認証では、パスワードを忘れたユーザに対して、正しいパスワードあるいは新しいランダムな臨時パスワードを送付する復帰プロトコルがあります。安全性評価は十分ではなく、理論的にはむしろ危険です(暗号化されていない電子メールは、狙われれば盗み見られます)。それでも、実際に使われており、コストがあまりかかりません。一方、ほかのモダリティの多くは、バックアップ認証が高価かあるいは大変実現困難です。したがって、フュージョンで採用した要素技術のすべてにバックアップ認証を用意するのは非現実的ということになります。

また、さまざまなアプリケーションに利用できる汎用性のある技術にすることが困難、という問題があります。なぜならば、フュージョンの汎用性は、採用したモダリティの中で汎用性のもっとも悪いものと同じかそれ以下になってしまうからです。

次世代個人認証技術への道

フュージョンに関する考察から、次世代個人認証技術への道として、いくつかの示唆が得られます。

一つ目の道は、現在は技術的に不可能と思われるような、きわめて斬新なモダリティを発明することです。たとえば、脳からの電磁界信号を直接安価にセンシングできるようになれば、脳と直接やり取りする認証プロトコルを開発できるかもしれません。しかし、開発までには大変長い年月を要するでしょう。脳科学において、「脳のおおむねこの辺りの領域が、かくかくしかじかの機能に深く関わっていることがわかった」という知見を得るだけのために、どれだけ巨額の研究費を投じて多数の優秀な研究者が長期間研究に携わっているか、考えてみてください。この一つ目の道への取り組みは、リニアモーターカーの場合よりも長丁場で大規模なプロジェクトになるかもしれません。

二つ目の道は、特定用途のフュージョンに活路を見いだすことです。異常対応の問題も、特定用途であれば、すべてのモダリティに対してバックアップ認証を用意するのではなく、そのアプリケーションとして固有のバックアップ認証を用意することで対応できるかもしれません。また、汎用性の求められる技術としては評価困難でも、用途を絞れば、サイバーセキュリティの三原則（明示性の原則、首尾一貫性の原則、動機付け支援の原則）を守って実証実験をすることができるかもしれません。さらに、特定用途ならば一つ一つのシーンが具体的ですから、攻撃者の心理も研究しやすいでしょう。すると、攻撃の抑止力についても検討することができます。たとえば、攻撃者を事後追跡できる可能性を高める工夫や、攻撃者が「攻撃に成功した」「追跡されない」などの確信を得られないがために慌ててミスを犯しやすい（あるいは攻撃を断念しやすい）仕組みなどが、検討対象となるでしょう。

三つ目の道は、あえて基礎研究を重視することです。たとえば、サイバーセキュリティにおけるＩＤとはそもそも何か、アドレスとはそもそも何か、という基本概念は確立されていません。それにもかかわらず、サイバーセキュリティ技術の理論も実践も、ＩＤやアドレスに頼ったものが多いといわざるをえません。ＩＤやアドレスの基本概念を定義せずして、それらに頼った方式の根本的な評価はできません。ましてや、複数のモダリティを統合するときに、結局何を核として統合しているのかが曖昧になってしまいます。

三　意識の革命

起こりえることは起こる

サイバーセキュリティにおける安全性評価が困難な理由として、これまでに、理想のセキュリティの限界とヒューリスティック・セキュリティの限界を学びました。実際のインシデントと照らし合わせて考えれば、「起こりえることは起こる」といわざるをえません。私たちが気付いている脆弱性に、攻撃者が気付かないはずがないのです。私たちは、『起こりえることは起こる』と謙虚に考える」という意識革命を成し遂げるべきです。サイバーセキュリティ経済学と心理学が果たすべき「直感を正させる」というミッションも、結局は、学術的な立場から意識革命を推進するということです。「サイバーセキュリティへの取り組みはコストではなく投資」だという意識になれば、それは格段に大きな意識革命です。防御者革命の第三段階まで到達すれば、これらの意識革命に近付くと期待されます。

当事者意識

サイバー攻撃の標的は、個人、企業、政府など各方面にわたっています。インシデントがあると、政治的打撃だけでなく経済的打撃も問題となります。盛んに報じられている以上、「知らなかった」では済まされないはずなのですが、「権威はありそうだけれども電子メールとしては初めての人や組織」から送られてきたように見える、電子メールに添付されているファイルを開いてマルウェアに感染し情報漏洩につながるなど、類似したパターンのインシデントが後を絶ちません。

少なくとも三つの教訓が繰り返し叫ばれてきました。第一に、有効な対策が存在するといっても実際に導入されるとは限らず、導入されたとしても適切に管理運用されるとは限りません。これは、ユーザがサイバーセキュリティに投資するインセンティブの問題です。第二に、新たな脅威への対応が必ずしも迅速ではありません。ベンダーやプロバイダといった事業者が研究開発や情報共有などに投資するインセンティブも問題となります。第三に、対策の有効性が必ずしも正確には把握されていません。これは、政府や事業者あるいは社会が安全性評価に投資するインセンティブの問題です。また、抑止力として機能する対策に関しては、攻撃者のインセンティブを把握することも重要ですが、よくわかっていません。

現在は、世界各国が、同様の問題に直面しています。ユーザにも事業者にも政府にも、そして、社会全体にも、サイバーセキュリティに取り組むインセンティブの問題があります。誰しもが、それらの少なくとも一つには関わっているでしょう。私たちは、「当事者意識を持つ」という意識革命を成し遂げるべきです。結果として得られる先行者利益は、業界として、あるいは国としての競争力向上です。安全・安心で世界の手本となる国は活性化するでしょう。業界の垣根を越えたサイバーセキュリティへの取り組みは、回収不能なコストではなく、競争力向上をもたらす投資なのです。

ソーシャル・キャピタル

社会的ネットワークを資源と見なす考え方に基づいて、それを物的資本や人的資本と同様に評価可能かつ蓄積可能な資本として位置付けたものを、「ソーシャル・キャピタル（社会関係資本）」といいます。ユーザによる感謝とリスペクトの普及は、サイバーセキュリティのためのソーシャル・キャピタルの形成につながります。信頼、規範、社会的ネットワークは、サイバーセキュリティに関する社会の効率性を改善するでしょう。

問題は、自然発生的なソーシャル・キャピタルの形成を待つことができるかどうかという点です。サイバーセキュリティの確保が喫緊の課題であるとすれば、求心力となるコンソーシアムを立ち上げるなどして、積極的にソーシャル・キャピタルの形成が促されるよう働きかける必要があるでしょう。

サイバーリスクの脅威に備える際には、「備える」ということの意味を深く理解することが大切です。対象、方法、そして心構えを知ること。あるいは、知らしめ、実現すること。座して待つのではありません。積極的に備えるのです。備えがソーシャル・キャピタルにまで届けば、その波及効果は計り知れません。

あとがき

書物を一つ読み終えるのは、ゴールであるとともに、次へのスタートでもあります。大会という非日常を終えたランナーにとって、直後のスタートは、日常に戻って健康や競技への意識も新たに安全第一で練習を再開することです。ここで、本書からサイバーセキュリティの日常へ戻る前に、少し道路と安全について考えてみてください。

みなさんは、道路を横断する前に、必ず左右をよく見て安全を確認しますか？　また、外国を訪れているときに、その国の道路通行方法（車が右側か左側か）に合わせた、適切な順序で確認しますか？　これらの問いへの答えは、サイバーリスクの脅威に備える心構えと大きな関連があります。

もちろん、確認するほうが安全性は高いでしょう。かりに、実際の道路で実態調査をした結果、よく確認する割合が八〇パーセントだったとします。交通安全教育で「八〇パーセントの確率で確認してください（五回に一回は確認しなくて構いません）」と教えたり、小学校で児童の八〇パーセントにだけ「よい子のみなさんは確認しましょうね」と教えたりするでしょうか。そうではありません。確認を徹底するよう指導し、努力し、その結果として八〇パーセントという数字が出ているのです。

サイバーセキュリティでも、基本を徹底するようはたらきかけ、努力し、その結果として初めて「まずまずの数字」が達成できるでしょう。この効率を高めるためには、徹底することがなぜ大切かを体系的に説明しなければなりません。たとえば、よく安全を確認せず飛び出してくる歩行者の危険性をしっかり理解できるのは、そのシーンに遭遇した自動車の運転者です。このように、立場を替えてみれば、リスクを理解して対策行動のインセンティブにつながります。サイバーセキュリティで立場を替えて考えるということは、立場の異なる関係者のいるシステムを体系的に分析するということです。それゆえ、本書では、サイバーセキュリティという難問に関して、できるだけ体系的な説明を心がけました。

体系的にするということは、学術性、専門性の高さをめざすということでもあります。この点において、本書は、専門書です。大学の講義でも、少なくとも副読本として一定の役割を果たせると考えています。とくに、教養課程で文系理系を問わず幅広い学生に学んでほしい内容です。一方、具体的な説明表現や例は、本質を違えない範囲で、平易にしたり簡略化したりしました。この点において、本書は、一般書です。したがって、専門書の長所と一般書の長所をある程度持っていると期待していますが、どちらつかずの中途半端な効果にとどまるリスクも持っています。また、サイバーセキュリティ全般を広く対象として、考え方をじっくり説くというスタイルにしたため、多くの知識と情報を詰め込むタイプの書籍とは異なり、網羅性で勝負できる内容ではありません。たとえば、本書で取り上げていないサイバー攻撃も対策技術もツールも、沢山あります。

罪滅ぼしになるかどうかわかりませんが、専門的な内容を幅広い読者へ伝える努力をした既刊書の中で、本書と異なるタイプの推薦図書を挙げさせていただきます。

まず、サイバーセキュリティの中でも暗号技術にとくに関心をお持ちの読者には、

●今井秀樹『暗号のおはなし　改訂版』日本規格協会（二〇〇三年）

を、専門書を読みたい人にも一般書を読みたい人にも推薦します。同じく、法と政策を重点的に扱った書籍としては、たとえば、

●四方光『サイバー犯罪対策概論―法と政策』立花書房（二〇一四年）

が多くの知識を与えてくれるでしょう。一方、豊富な技術情報を一般向けにかなり網羅的に解説したものとして、

●羽室英太郎『情報セキュリティ入門』慶應義塾大学出版会（二〇一一年）

が挙げられます。最後に、一般書として丁寧な解説を求める読者には、

●坂井修一『知っておきたい　情報社会の安全知識』岩波ジュニア新書（二〇一〇年）

を推薦します。

本書や推薦図書によって、読者が応用力まで身につけられたならば、それこそがサイバーセキュリティにおける防御者側の革命的な進歩へつながるのかもしれません。海外でも安全に道路を横断できるように、誰もが世界とつながるサイバー空間を安心して利用できるようになることを、願ってやみません。

二〇一五年八月

松浦　幹太

フに着目して研究を行う情報セキュリティの一分野。

リスクコミュニケーション

リスクについて直接あるいは間接的に関係する人たちが意見を交換し、合意を形成するプロセス。

レインボー・テーブル

安易なパスワードとそのハッシュ値、あるいは、安易なパスワードにソルトという乱数を連結してハッシュ関数に入力した場合の出力をリストアップした表。

レジスタ

計算機の内部で演算や実行状態の一時的な保持に用いる記憶素子あるいは記憶領域。動作は高速だが、容量が小さい。

ローカル・アドレス

NATで互いに変換されるアドレスのうち、内部のLANにおける独自アドレスのこと。

ロイヤルティ・プログラム

本書ではLP（Loyalty Program）と略記。利用実績に応じてポイントやマイルを顧客に付与し、貯まったポイントやマイルに応じてさまざまなサービスを提供し、顧客の囲い込みなどを狙う会員制プログラム。

ログ

コンピュータのアプリケーションや基本的なソフトウェア、サービスなどが、処理内容や警告などの履歴を逐一記録したデータ。事後的に参照し、インシデントの原因分析などに役立てられる。

にやり取りした通信や処理の内容に遡ってまでは被害が出ないこと。

ブラックリストとホワイトリスト

「これに載っているものは認めない」というリストであるブラックリストに対し、「これに載っているものは認める」というリストをホワイトリストという。

プロセッサ

コンピュータにおいて、プログラムに記述された一連の命令（データの転送や計算など）を実行するハードウェアであり、演算装置、命令や途中計算結果を格納する一時的な記憶装置、周辺回路などから構成される。

プロトコル

情報通信のシステムにおいて、一連のやり取りを通じて何らかの作業を実行する手順の取り決めや規約のこと。

ベンダー

製品やサービスを開発あるいは提供する業者。

ポート番号

インターネットの宛先でどのサービスに回してほしいかを規定する識別子。たとえば暗号通信モードでホームページアクセスする場合には何番を使うかなど、割当が標準化団体によって定められている。

【ま行】

マイナンバー

社会保障・税番号制度（マイナンバー制度）のために、日本国内の全住民にそれぞれ割り当てられる12桁の番号。

マルウェア

コンピュータに被害をもたらすプログラム、不正なソフトウェア全般を指す。

無線LAN

LAN（Local Area Network）は、一つの施設内などの限られた範囲のネットワーク、局所的ネットワークを意味する。とくに、無線通信を利用してデータの送受信を行うLANを無線LANという。

メーカー・ムーブメント

世界中の工作スペースがオンライン化し、インターネットで設計図を送れば形にしてもらえる、とういう製造過程の革命。第三の産業革命、メーカーズ・ムーブメントなどとも呼ばれる。

【や行・ら行】

ユーザインターフェース

人間が計算機を操作するときの入出力装置やその仕組み。

ユーザブル・セキュリティ

とくに安全性と利便性のトレードオ

【は行】

パケット

分割して送受信されるインターネットの通信の単位となる小包のようなもの。郵便で封筒に宛先と送信元が書かれるように、パケットのヘッダと呼ばれる領域に宛先と送信元などの配送関連情報が記される。

バックアップ認証

通常の認証（たとえば、ユーザ名とパスワードによる個人認証）が失敗した際に起動する補助的な認証方法（たとえば、パスワードを再発行する際の電子メールによる本人確認）。

ハッシュ関数

情報セキュリティ分野では、いくつかの安全性要件を満たして、あらかじめ定まった長さの出力（ハッシュ値）を出す関数を意味する。安全性要件には、一方向性や衝突発見困難性がある。

パディング

パディングとは、詰め物などを意味する英単語。情報通信分野でデータを固定長として扱いたい場合に、短いデータの前や後に無意味なデータを形式的に追加して長さを合わせる処理のことをいう。

ハムメール

スパムメールではない電子メール。スパム（ソーセージの材料を腸ではなく型に詰めたもの）の缶詰との対比から「ハム」という語が用いられている。

パラメータ

一連の計算を行うときの変数や、処理に用いるデータなどのこと。文脈に応じてさまざまな意味で用いられる。

ヒューリスティック・セキュリティ

「経験的な安全性」の意。具体的な攻撃手順を考え、その中に実行不可能なプロセスが含まれているため攻撃は頓挫する、と主張する。ほかの手順で成功する攻撃が存在しないという保証はない。

ファイアーウォール

コンピュータやコンピュータネットワークとその外部との通信を監視し、必要に応じて通過を認めず棄却するなどして制御し、内部のコンピュータネットワークの安全を維持するソフトウェアやハードウェア。

フィッシング

ユーザからパスワードなどの重要な情報を入手するために仕掛ける詐欺行為で、phishing と綴る。信頼されている主体になりすました電子メールに偽のウェブサーバへ誘導する仕組みを入れる手口が多い。

フォワード・セキュリティ

秘密鍵が漏洩するなどの基本的なインシデントが起きた場合でも、過去

セキュリティポリシー
組織における情報セキュリティ対策について、方針を総合的・体系的かつ具体的にとりまとめたもの。考え方と規程の両方を指すのが一般的。
セグメント
長いデータを、ある方針のもとでいくつかのまとまりに区切ったときの、それぞれのまとまり。
セッション
情報通信システムにおいて、個々の特定の接続で実施する一連のやり取りをまとめた概念。電話では1回の通話（かけてから切るまでにやり取りした一連の通信）に相当する。
ソーシャル・キャピタル
社会関係資本の意。社会的ネットワークを資源と見なす考え方に基づいて、それを物的資本や人的資本と同様に評価可能かつ蓄積可能な資本として位置付けたもの。
ソルティング
サーバがユーザのパスワードをそのままパスワードファイルに保管するのではなく、乱数（ソルト）と連結してから一方向性関数に通した結果などを保管することによって、パスワードファイル漏洩に備える技法。

【た行】

ディフェンダー・ムーブメント
防御者革命というコンセプト。サイバーセキュリティの英知を総動員し、研究・開発・実用化が織り成すPDCAサイクルの生産性を「インターネットを活用して生産性向上の革命が起きたといえるほどまでに」高める変革。
デジタル・フォレンジック
コンピュータに関する犯罪や法的紛争が生じた際に、原因究明や捜査に必要な機器や電磁的記録を分析し、それらの法的な証拠性を明らかにする手段や技術の総称。手続きの正当性、解析の正確性、第三者検証性が求められる。
トア
Tor（The Onion Routing）という匿名通信システム。アドレスを多重に暗号化し、協力者を複数（ふつうは三つ）経由して、誰がどこにアクセスしているかわからないようにする。
ドメイン・ネーム・システム
インターネット上の身元情報に関して、人が認識しやすい表記のドメイン名やホスト名から、計算機が処理しやすい表記のIPアドレスを検索して明らかにすることにより、両者の対応関係を把握する仕組み。
トレードオフ
あちらを立てればこちらが立たない、という両立しにくい二律背反の関係。

【か行】

カプセル化
暗号化したりメッセージ認証子を添えたりして、暗号通信の規定に従った体裁に整える作業。

共通鍵ブロック暗号
平文を1ビットずつ逐次処理していく共通鍵暗号をストリーム暗号と呼ぶのに対し、AESのようにある定まったサイズのブロックごとに処理する共通鍵暗号を、共通鍵ブロック暗号と呼ぶ。

グローバル・アドレス
NATで互いに変換されるアドレスのうち、外部のインターネットにおけるアドレスのこと。

ケルクホフスの原則
もともとは「暗号技術は攻撃者が秘密鍵以外のすべてを知っていてもなお安全であるべき」という原則。広義には「サイバーセキュリティでは攻撃者が防御手法を知っていると仮定して安全性評価を行うべき」という原則。

コンピュータウイルス
マルウェア（コンピュータに被害をもたらすプログラム）の一種で、完全には自立せず、ほかのプログラムファイルからプログラムファイルへと静的に感染するもの。

【さ行】

サイドチャネル攻撃
情報の伝わる経緯として、本来意図されたものではない、副次的で想定外のもの（サイドチャネル）を利用した攻撃の総称。

初期ベクトル
共通鍵ブロック暗号を繰り返し利用するとき、レジスタに最初に格納されているデータ。

スパムメール
受信者が望まないにもかかわらず広告として、あるいは何らかの攻撃の一環として、大量に送信されてくる迷惑な電子メール。迷惑メールとも呼ぶ。

スプーフィング
サイバー空間において、IPアドレスなど身元特定に関わる重要な情報を詐称すること。

セキュリティソフト
コンピュータと外部の通信を監視したり、コンピュータ内部のデータや状態を検査したりして、セキュリティに関する対応を支援するソフトウェア。

セキュリティパッチ
ソフトウェアの出荷後に明らかになった脆弱性に関して、利用者を守るためにソフトウェアを修正するプログラム。

処置改善（Act）の四段階に分割される。

PMS

ウェブサーバと暗号通信するための鍵を生成する種になる情報で、Pre-Master Secretの略。

ROC曲線

Receiver Operating Characteristic曲線の略。横軸に本人拒否率（誤って本人を拒絶する確率）、縦軸に他人受入率（誤って他人を受け入れる確率）をとって、生体認証の特性を示した曲線。

SQL

リレーショナルデータベースというタイプのデータベースの操作を行う言語の一つ。ANSI（米国国家規格協会）やISO（国際標準化機構）によって標準として規格化されている。

URL

たいていhttp://wwwやhttps://wwwで始まる、インターネットにおけるホームページの住所に相当する情報。Uniform Resource Locatorの略。

VPN

Virtual Private Network（仮想専用ネットワーク）の略。インターネットのような外部ネットワークを介した通信であっても、暗号技術を利用してあたかも構内ネットワークであるかのように通信できるネットワーク。

【あ行】

アクセス制御

ある主体（人間やプロセス）がどの客体（システムやファイルなど）に対して、どのアクセス（読む、書く、実行する、など）ができるかを許可したり拒否したりして、権限を制御する機能。

インジェクション攻撃

攻撃者に好都合な命令実行条件として解釈されてしまう文字列を入力（注入）することによる攻撃の総称。典型的な例として、ウェブアプリケーションに対するSQLインジェクション攻撃が有名である。

インセンティブ

個人や法人がとる行動の動機付けとなるもの、誘因。

ウェブサーバ

インターネット上のホームページを閲覧するソフトウェア（クライアント）と通信して表示内容を提供するプログラムやコンピュータ。

オニオン・ルータ

匿名通信システムのトアにおいて、アドレスが多重暗号化されたパケットの転送に協力するネットワーク機器。

Technology）と呼ぶ場合と比べて、当該技術の活用をも指す意図が強く出る。

ID

学生証番号やメールアドレスのように、個人の特定に用いることができる識別子。ただし、セキュリティの理論を構築するうえで厳密な定義は、まだない。

IP アドレス

インターネットの標準的な通信規約（IP）において、物理的なあるいは論理的な機器を識別するために指定する識別用の番号であり、郵便物を届ける際の住所のような役割を果たす。IP は Internet Protocol（インターネット・プロトコル）の略。

ISMS 適合性評価制度

情報セキュリティマネジメントシステム（Information Security Management System）適合性評価制度のこと。国際標準規格に準拠して情報セキュリティの PDCA サイクルを適切に実践できているかを評価する制度。

JCMVP

Japan Cryptographic Module Validation Program（日本版暗号モジュール試験及び認証制度）の略。わが国の暗号モジュールに関する製品検証制度。実装した暗号モジュールで保護が適切に行われていることを、第三者が組織的に試験及び認証する。

MAC

Message Authentication Code（メッセージ認証子またはメッセージ認証符号）の略。メッセージに MAC を添えることによって、メッセージの改ざんを検知できるようにする。

NAT

Network Address Translation（ネットワークアドレス変換）の略。二つのネットワーク（たとえば LAN とインターネット）の境界にある機器が、それぞれのネットワークにおけるアドレスを自動的に変換してデータを転送する技術。

NRU

No Read-Up の略。多層セキュリティのシステムにおける主体と客体を適切な機密性レベルに分けたときに、「主体は自分のレベルよりも上位レベルの客体にアクセスしてはならない」という制限。

NWD

No Write-Down の略。多層セキュリティのシステムにおける主体と客体を適切な機密性レベルに分けたときに、「主体は自分のレベルよりも下位レベルの主体に客体を送信してはならない」という制限。

PDCA サイクル

品質管理のための実務プロセスで一つの周期をなすサイクル。計画（Plan）、実施（Do）、評価検証（Check）、

カタカナ語・略語の用語集

【英数字】

3Dプリンタ

コンピュータ上でつくった三次元のデータを設計図として、断面形状を積層していくことによって立体物を作成する機器。

AES

Advanced Encryption Standard（先端暗号化規格）の略。1997年に米国政府が公募し、世界中の優れた暗号技術研究者らによる選考過程を経て2001年に正式に標準化された共通鍵ブロック暗号。

CA

Certificate Authorityの略。情報セキュリティではたいてい、公開鍵認証局の意で用いられる。公開鍵が誰の公開鍵であるかを証明する文書に電子署名を施し、それを証明書として発行する機関。

CAPTCHA

Completely Automated Public Turing test to tell Computers and Humans Apart（キャプチャ）の略。自動化された攻撃プログラムではなく、生身の人間が操作していることを確認するために、歪んだ文字を見せて入力させるなどする。

CBCモード

Cipher Block Chaining（暗号ブロック連鎖）モードの略。送信者と受信者が秘密鍵だけでなく初期ベクトルと呼ばれる情報を共有し、共通鍵ブロック暗号で任意長のデータを処理する動作モードの一つ。

CRYPTREC

Cryptography Research and Evaluation Committees（暗号技術検討会、あるいは暗号技術評価委員会等）の略。当初の目的は、電子政府に利用可能な暗号技術のリスト（電子政府推奨暗号リスト）を提示すること。

DoS攻撃

Denial-of-Service攻撃（サービス妨害攻撃）の略。接続要求の通信を過剰に送りつけるなどして、それを受け付けるコンピュータやシステムを、過負荷で通常のサービスができない状態に陥れる。

ICT

情報・通信に関する技術の総称で、Information and Communication Technologyの略。IT（Information

松浦幹太（まつうら・かんた）

1969 年大阪府生まれ。97 年、東京大学大学院工学系研究科電子工学専攻博士課程修了。現在、東京大学生産技術研究所教授。博士（工学）。

専門は、情報セキュリティ。誰もが快く情報をやり取りできる社会システム構築への科学的貢献を目標に、暗号、ネットワーク、経済にいたるまで、情報セキュリティに関連するさまざまなトピックを対象とした研究に取り組む。

著書に、『セキュリティマネジメント学』（編著、共立出版）、『情報セキュリティ概論』（共著、昭晃堂）、『ネットワークセキュリティ』（共著、丸善）がある。

DOJIN 選書　068

サイバーリスクの脅威《きょうい》に備《そな》える
私《わたし》たちに求《もと》められるセキュリティ三原則《さんげんそく》

第 1 版　第 1 刷　2015 年 11 月 20 日

検印廃止

著　　者　松浦幹太
発 行 者　曽根良介
発 行 所　株式会社化学同人
600 - 8074　京都市下京区仏光寺通柳馬場西入ル
編集部　TEL : 075-352-3711　FAX : 075-352-0371
営業部　TEL : 075-352-3373　FAX : 075-351-8301
振替　01010-7-5702
http://www.kagakudojin.co.jp　webmaster@kagakudojin.co.jp
装　　幀　BAUMDORF・木村由久
印刷・製本　創栄図書印刷株式会社

ISBN978-4-7598-1668-6

DOJIN選書・好評既刊

ヒューマンエラーを防ぐ知恵
——ミスはなくなるか

中田　亨

事故の発生する過程から事故の構造を捉え、ヒューマンエラー抑止の理論を考察、実践的なテクニックの一端も紹介する。もうヒューマンエラーは怖くない！

消えゆく熱帯雨林の野生動物
——絶滅危惧動物の知られざる生態と保全への道

松林尚志

動物園の人気者、オランウータンや、密漁の絶えない、野生ウシ・バンテンなど、絶滅危惧動物の知られざる生態をいきいきと描き、そのゆくえを考える。

消えるオス
——昆虫の性をあやつる微生物の戦略

陰山大輔

役立たずのオスの抹殺、オスからメスへの性転換、交尾なしで子どもを産ませる……。昆虫の細胞に共生している細菌「ボルバキア」は、なぜ宿主の性を操作するのか。

スポーツを10倍楽しむ統計学
——データで一変するスポーツ観戦

鳥越規央

テニスで決勝に進む選手が代わり映えしないのはなぜ？　サッカーで得点が生まれやすい時間帯は？　など、運動オンチでも統計オンチでも楽しめるスポーツ統計学。

脳がつくる3D世界
——立体視のなぞとしくみ

藤田一郎

脳は、二次元の視覚情報から奥行きに関する情報を抽出して、三次元世界を心の中につくり出す。このときの脳の仕事を、最先端の研究まで紹介しながら読み解く。